各式花样

口金包

日本宝库社 编著
甄东梅 译

河南科学技术出版社
·郑州·

Contents 目录

本书制作图中的数字，如无特别说明，单位皆为厘米（cm）。

扁口口金包

将前片与后片缝合而成的扁口口金，是口金包制作的基础款。
第一次制作口金包的朋友们，让我们先从这款开始吧！

1. 基础款扁口口金包

5孔纽扣加上刺绣线和串珠，缝制成花样进行装饰。将2片布料缝合在一起，就完成了不用拼接的、简单实用的口金包。

Lesson 06

设计、制作/久保寺洋子(dekobo工作室)
（作品1、2）

2. 拼缝扁口口金包

在作品1形状的基础上，将波点图案棉布和亚麻布进行拼接，然后再装饰上一片蕾丝，显得更加可爱。

How to make 50

Lesson 1 扁口口金包做法

1.基础款扁口口金包　photo P05

指导/久保寺洋子(dekobo工作室)

成品尺寸： 宽约10.5cm，高约9cm
（不含口金扣头）

使用材料： 亚麻布（粉色）30cm×12cm
亚麻布（原色）30cm×12cm
带胶铺棉30cm×10cm
COSMO25号刺绣线119适量
圆形大串珠红色2颗
直径1.5cm纽扣1颗（5孔）
口金 7.8cm×4.5cm
纸绳

实物大小纸型A面： [1]-1表布、内袋布

裁剪方法图和尺寸：

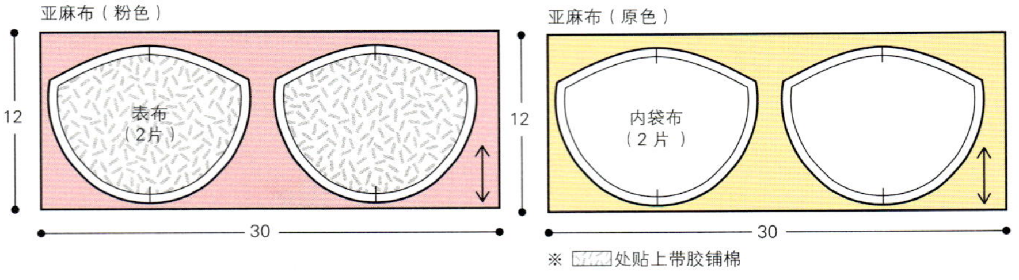

1. 准备工作

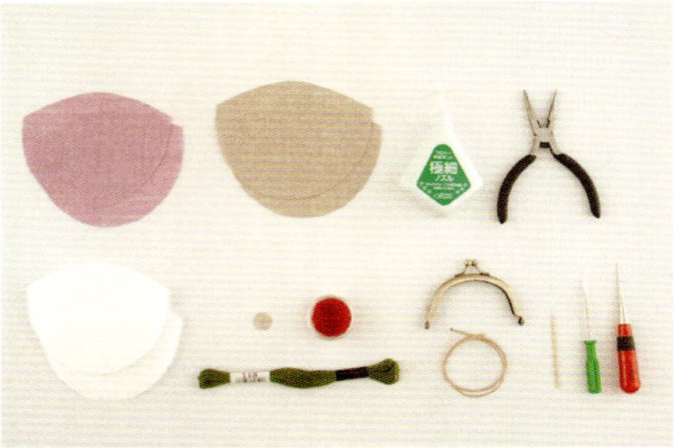

1. 准备需要的材料和各种工具。
※为了更简单易懂，使用鲜艳的亮色线进行缝制。

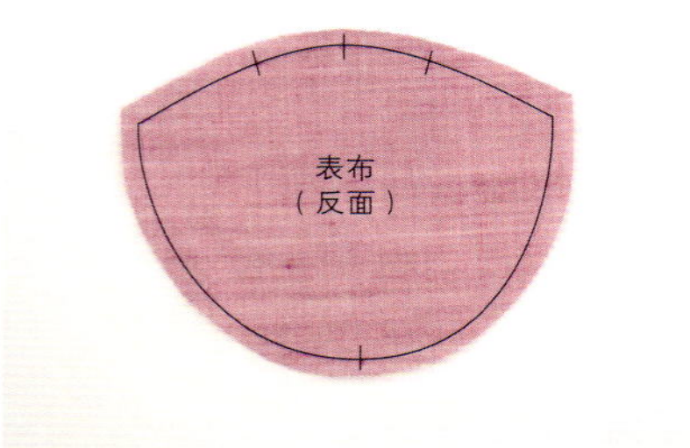

2. 在表布和内袋布上分别标记出完成线、中心和返口。

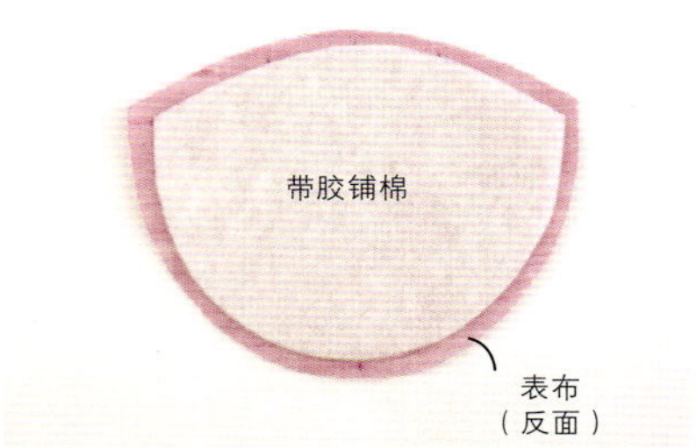

3. 在表布的反面沿着完成线将裁剪好的带胶铺棉贴好。缝份处不用贴。

2. 缝制纽扣　※纽扣安装在前片

1. 将纽扣放在表布的纽扣缝制位置，用2根刺绣线打结，在A、B口之间绕线缝3次，最后从C口出针。

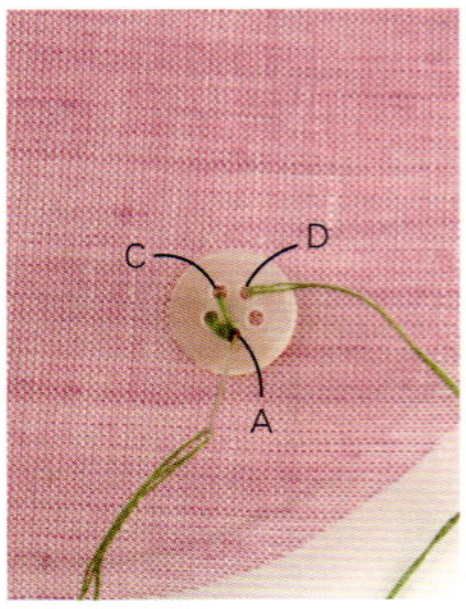

2. 从A口入针，然后从D口出针后再一次从A口入针。

3. 在E、A两个口之间绕线缝3次，然后在反面打死结剪线，就完成了茎、叶的形状。

4. 取2根缝纫用线打结，从C口出针。穿上串珠后再一次从C口入针，拉线。

5. 然后D口也用同样的方法缝上串珠，在反面打死结后剪线，这样就完成了花朵的形状。

3. 缝合成包身和内袋

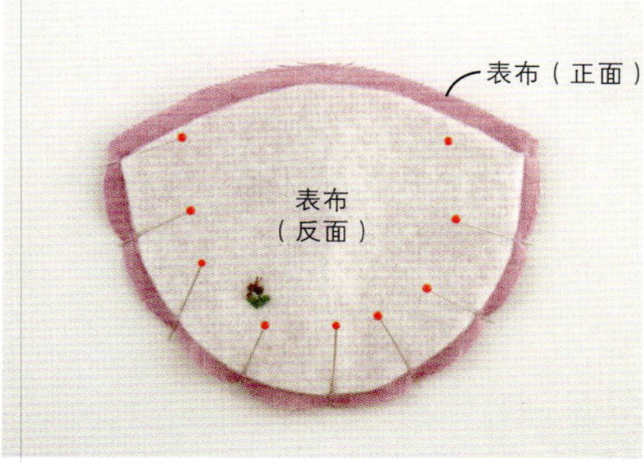

1. 将2片表布的正面和正面相对对齐，用珠针固定。

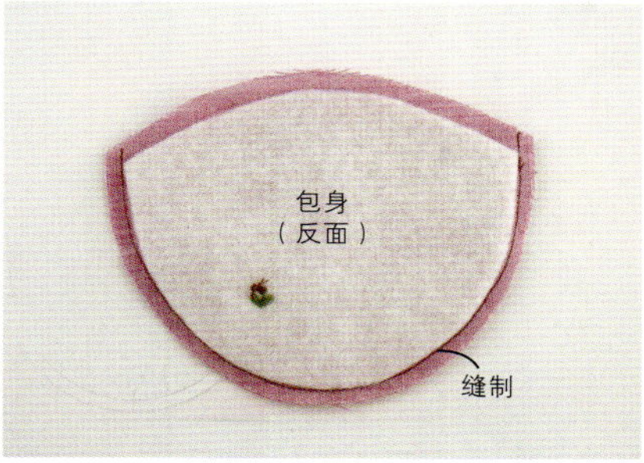

2. 缝合边缘，制作成包身主体部分。

3. 将2片内袋布正面和正面相对对齐，制作内袋。

4. 用电熨斗将缝份处熨向一侧。包身熨向后面（没有纽扣的一侧）。

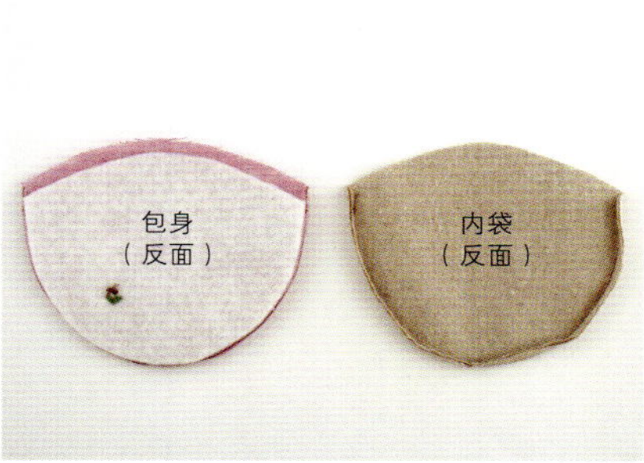

5. 内袋熨向前面。

6. 将包身从袋口翻转至正面。

4. 将包身和内袋组合

1. 将包身放入内袋中，并将正面和正面相对对齐。

2. 袋口对齐后用珠针固定。

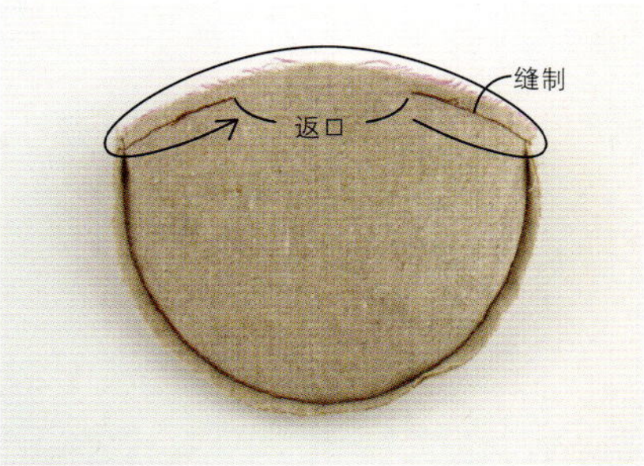

3. 留下返口，然后将袋口缝一圈。

4. 从返口处把包身主体部分抽出来，翻至包身正面。

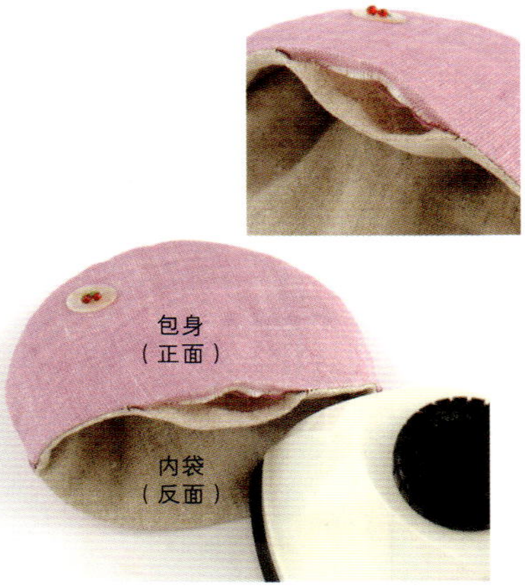

5. 把内袋放入包身的里面，然后用熨斗将袋口处的针迹熨平。为了美观，返口的缝份要折向内侧。

6. 缝合袋口。

5. 准备纸绳和口金

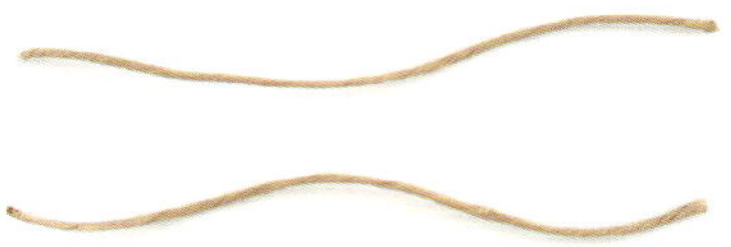

1. 将纸绳一分为二，根据口金槽的宽度和布的厚度调整纸绳的粗细。最适合的粗细度是将纸绳和包身一起放入口金时有一点紧的感觉。

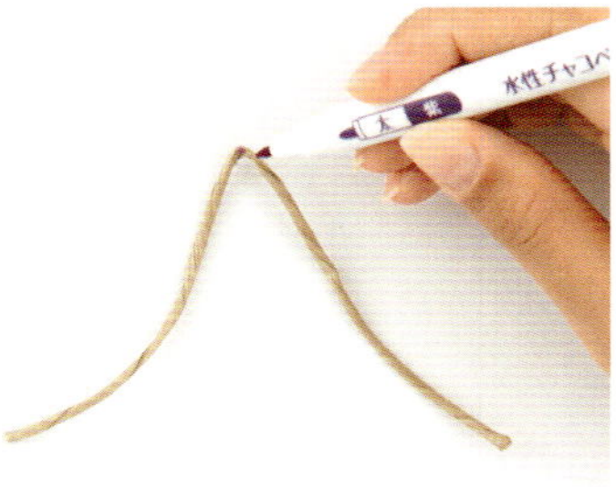

2. 纸绳从中间对折，并在中心位置做标记。

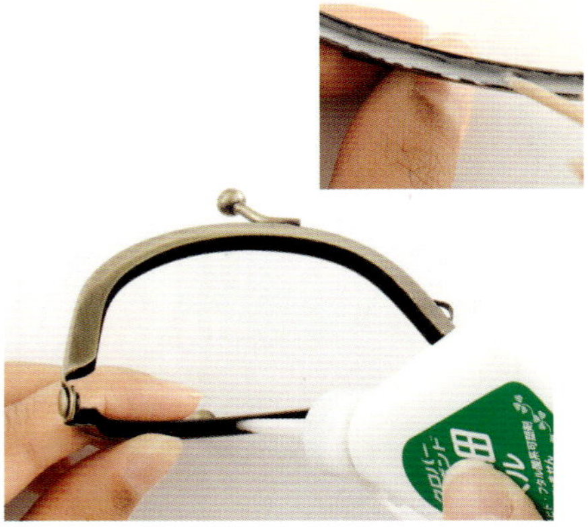

3. 在口金槽中加入胶水黏合，并用牙签将口金槽的边上全部涂上胶水。如果胶水涂得过多，在将包身主体放入口金的时候会溢出来，所以这个一定要注意。溢出来的胶水要用抹布等物擦干净。

6. 安装口金

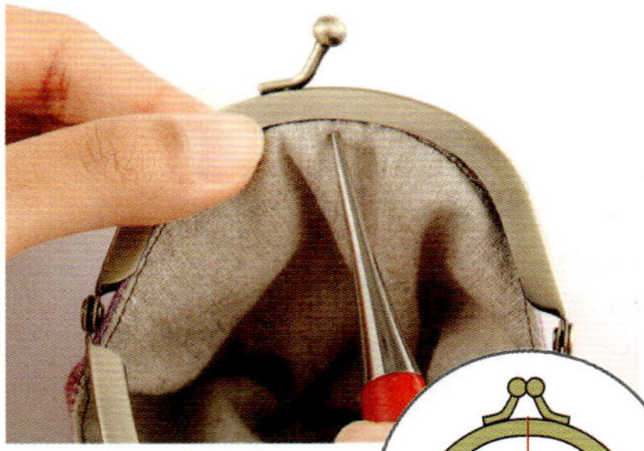

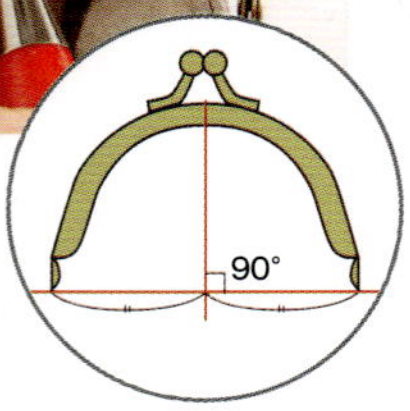

1. 将袋口的中心和口金的中心位置对齐，用锥子将包身主体部分一直塞入到口金的内部。

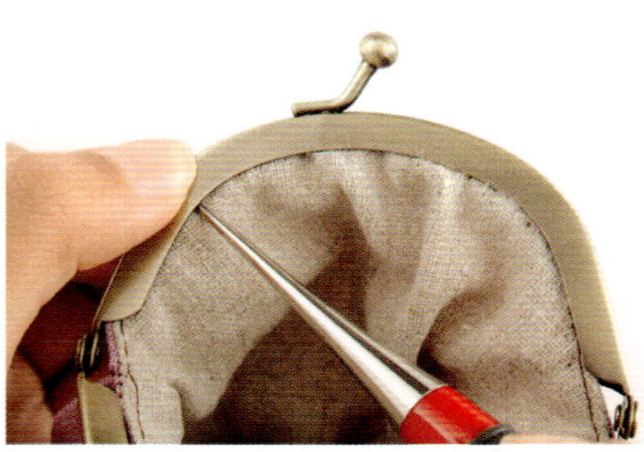

2. 因为包身主体部分比口金要稍大一些，看起来有些松软。用锥子将边上多余的部分向铆钉处调整，同时也从中心位置开始，向两边把包身主体塞入口金槽中。

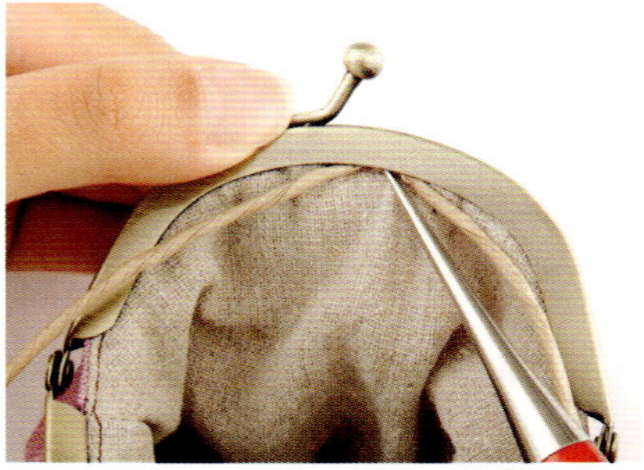

3. 将纸绳的中心和口金的中心位置对齐，用锥子将纸绳塞进口金中。然后再从中间开始，向两边把整条纸绳塞入口金中。

4. 用剪刀剪断多余的纸绳。

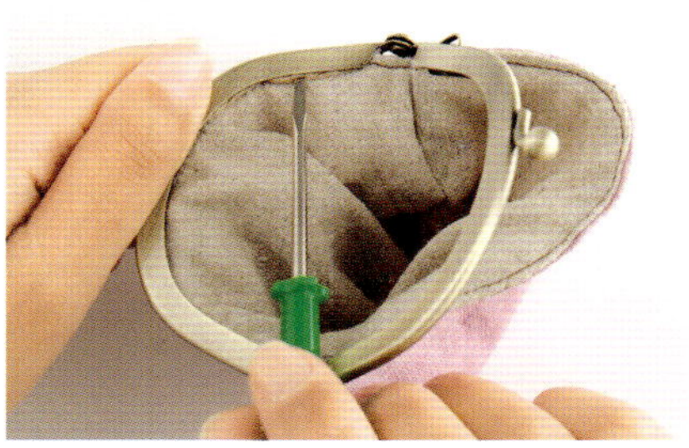

5. 露出的纸绳用一字螺丝刀塞进口金槽内。纸绳不用完全塞进到口金的内部，在口金的边上稍微露出一点点也可以的。

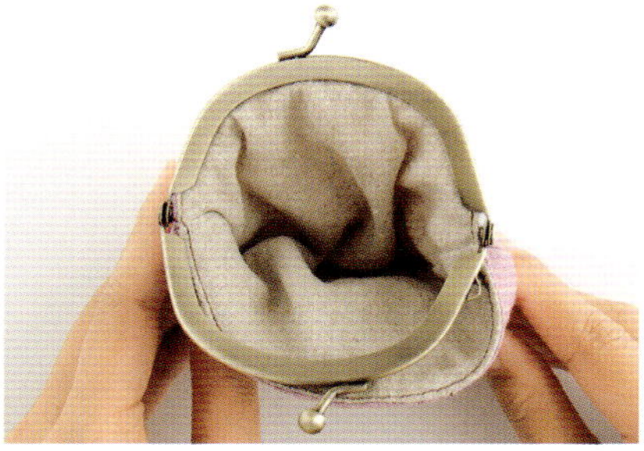

6. 纸绳全部塞进去后用胶水封口放干。

Lesson 1

7. 安装另一侧的口金

1. 另一侧的口金用同样方法，在口金槽的内侧涂满胶水。

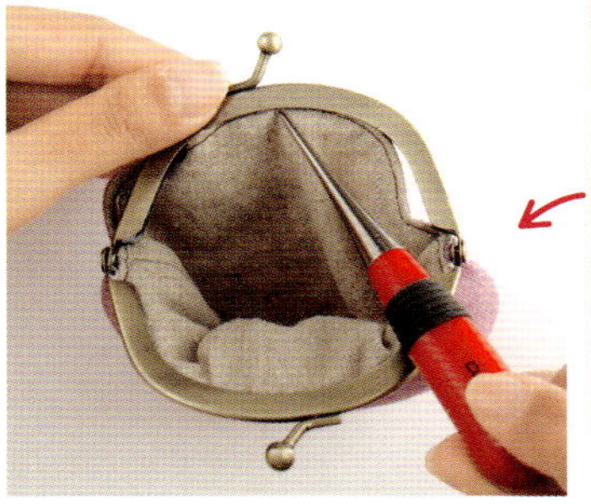

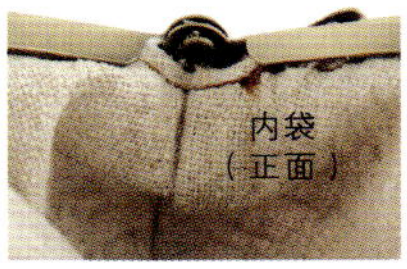

2. 将袋口与口金的中心点对齐后，用锥子将袋边塞入口金中。要确认一下袋子边上的位置是否与铆钉的位置一致。

3. 与另一侧相同，将纸绳塞入口金槽中。

8. 缝合侧边

1. 手指放进包里，将铆钉下面部分的布按出来，调整包的形状。

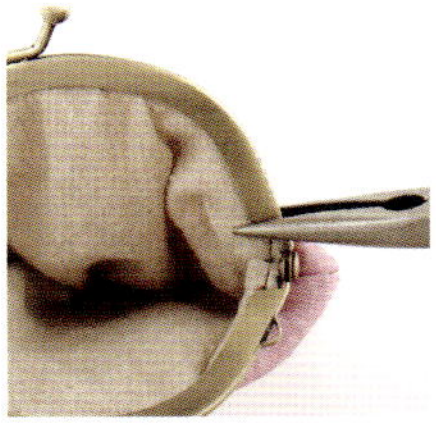

↑
在没有垫布的情况下，口金的角部与钳子的尖部直接接触，容易产生划伤。

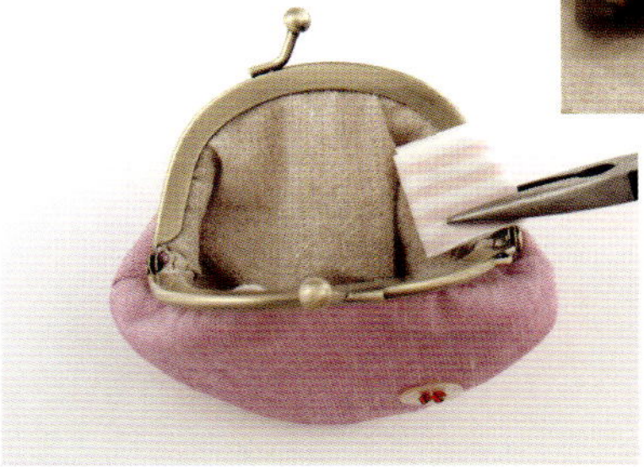

2. 为了防止划伤口金边，需要一块垫布。然后用钳子夹住垫布，把口金的4个端口全部夹紧。

成品

胶水干后就可以使用了。

立体皱褶口金包

底部两边捏在一起缝成立体皱褶状的口金包。
与扁口口金相比底部稍显饱满，推荐放一些稍微厚一点的小物件。

3. 手机包

内袋里贴了一层带胶铺棉作为底垫，很结实、实用，可以放很重要的东西。

how to make P51

设计、制作/由子（作品3~5）

4. 印花布化妆包

面料使用的是超薄高级棉布时，要使用薄质地的布衬，然后再从上面贴上带胶铺棉后，这款化妆包就会呈现出一种富有弹性、很饱满的感觉。

how to make P52

5. 带育克的化妆口金包

将印花棉布像育克一样重叠缝在表布的上面，中间的滚边线条是突出的亮点。

how to make P52

底部拼接口金包

因为在底部使用拼接的方法缝制出底角，所以容量加大，很适合在想放很多东西的时候使用。使用这种方法制作的口金包，侧面和底部是连在一起的，所以使用有方向的花纹布料时，需要注意一下花纹的搭配。

6. 卡包

这款卡包使用的口金有彩色立体扣头，非常好看。这是一款色彩鲜艳的口金，与多种花样都可以搭配使用。

how to make P53

设计、制作/冈田桂子（flico）（作品6~9）

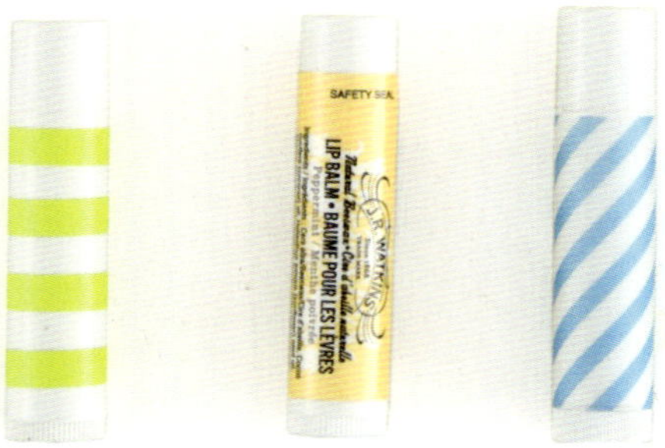

7. 迷你口金唇膏包

迷你小口金搭配竖长的包体，是这款唇膏包的特色。装饰上小吊链的话，就能避免放在大包中不好找到的情况。

how to make P53

8. 帆布笔袋

使用短腿方形口金和很大的拼接条做成的这款帆布笔袋，其流苏和蜻蜓玉珠组成的吊坠装饰更是显得可爱。

how to make P54

9. 北欧风情眼镜盒

使用的是有两个波峰的口金，形状上来说与眼镜刚好相吻合。布料的选择上使用的是北欧风情的棉布，同时侧边处使用的小布条还起到了颜色搭配的作用。

how to make P54

百褶口金包

将使用的布料打褶的话，整个包身会显得非常饱满，而且布料也会呈现出一种不一样的感觉，整个口金包的可爱程度也会提升。
下面介绍两种类型百褶口金包的制作方法。

10. 百褶小化妆包

在使用口金的位置进行打褶，口金包的大小特别适合用来收纳不同的缝纫工具。

how to make P55

设计、制作/铃木爱子（作品10~12）

11. 双色PU化妆包

在作品10的基础上，将使用的布料换成纵向拼接的PU面料。刺绣的针迹和口金扣头的颜色一致，可呈现出一种和谐搭配的感觉。

how to make P55

12. 拼接百褶小包

使用横向的布料拼接，并对布料进行打褶处理，使包身呈现出一种饱满的状态。使用的布料颜色柔和舒缓，能够带给人一种怀旧的感觉。

how to make P56

13. 时尚聚会风手包

这是一款圆形听头口金加上金属吊链一起使用的手包，其白色布料的使用使整个设计看起来更加清新透亮。使用的装饰丝带更是让少女的情怀表露无遗。

how to make P57

设计、制作/铃木爱子

圆滚滚的口金包

各种拼接布料的使用使整个口金包呈现出一种立体感。
底部的呈十字形的拼接设计使这款口金包给人带来一种十足的安定感。

14. 配有饰物的化妆包

作为包包亮点使用的小饰物可以更加烘托出女孩子的独特感觉。侧面使用的布料颜色与口金扣头的颜色一致，搭配协调可爱。

how to make P58

15. 配有饰物和十字绣的口金包

使用蓝色和白色两种颜色分明的布料，呈十字形结构进行设计，再添加上特别的小饰物，整款包包给人一种手工制品独有的亲近感。

how to make P58

设计、制作/茂住结花（mocha）（作品14、15）

圆底口金包

将底部缝制成圆形的口金包。缝制成竖长形状可以当笔袋使用，若是在缝制底部时按照百褶方法制作，还可以作为大容量的化妆包使用。

16. 蕾丝装饰的桶形笔袋

为了搭配整个包身的形状，将蕾丝布料裁剪成固定形状进行缝制是这款口金包的重点，当然为了使包包更可爱雅致，还需要使用带有特殊的口金。

how to make P59

设计、制作/茂住结花（mocha）（作品16、17）

17. 古典玫瑰百褶化妆包

在包底部做成百褶式样，使包身呈现出一种饱满的轮廓。使用回针缝的方法将口金与包体缝合。

how to make P60

侧边拼接口金包

侧边的拼接缝制，使口金呈现出一种圆圆的形状，非常可爱。
将侧边的大幅拼接条调整成近似圆形状的话，整个包身就会有一种稻草包的感觉。

18. 双生子迷你化妆包

一款亚麻布和印花布料搭配使用的具有原创风格的口金包。轻轻晃动的珍珠吊坠是装饰的亮点。

Lesson P36

设计、制作/田中智子（LUNANCHE）（作品18~20）

19. 蕾丝迷你小包

按照作品18的做法，再追加使用上蕾丝花边和十字刺绣方法。与侧边拼接处使用相同布料制作而成的流苏装饰也显得更加时尚。

how to make P61

20. 蕾丝化妆包

使用的是可以缝在包身上的一种口金。
扇贝形蕾丝布料上点缀使用丝带和珍珠，使整个包包看起来非常的雅致有品位。

how to make P62

21. 优雅复古手包

两侧边使用宽幅拼接布料制作成圆筒状。明暗色布料进行颜色搭配，使用有装饰的口金，再搭配上漂亮的金属吊链，使这款手包看起来很有品位。

how to make P63

设计、制作/田中智子（LUNANCHE）（作品21、22）

22. 波士顿风情提包

这款波士顿风情的提包是将侧边拼接部分缝制成近似于圆形。得益于这样的设计，整个包身看起来非常饱满，而且可以收纳很多东西。

how to make P64

连贯拼接口金包

从两侧边一直到包的底部使用一块布的口金包。
3个作品的共同点就是都使用了十字绣装饰，因此可以把3个包包当成一套制作哦！

23. 数码相机包

包身正面中间位置装饰着一朵雏菊，而且使用同花样布料缝制而成的提带，设计巧妙，可以非常容易地在大包中找到，节省寻找的时间。

how to make P65

24. 亚麻刺绣口金包

另外取一块布料，绣上十字绣图案，然后将四边裁剪成小徽章大小，最后缝在口金包的正面。这个十字绣小徽章设计是本款包包的一大亮点。

Lesson P38

25. 条纹单肩挎包

方格花纹背景和雏菊花搭配的十字绣法。提手就在拼接和包身的交接处分别缝制2个环圈，然后再安装肩带就可以了。

how to make P65

设计、制作/安田由美子（NEEDLEWORK LAB）（作品23~25）

方盒口金包

口金的一半当盖子使用的方盒状口金包。小尺寸的可以作为饰品盒，横长款的可以作为手包使用。

26. 饰品收纳包

带有花边装饰，可以直接作为礼物送给他人。制作的时候需要在确认装饰花边位置的同时缝制口金。

how to make P66

设计、制作/久保寺洋子(dekobo工作室)（作品26、27）

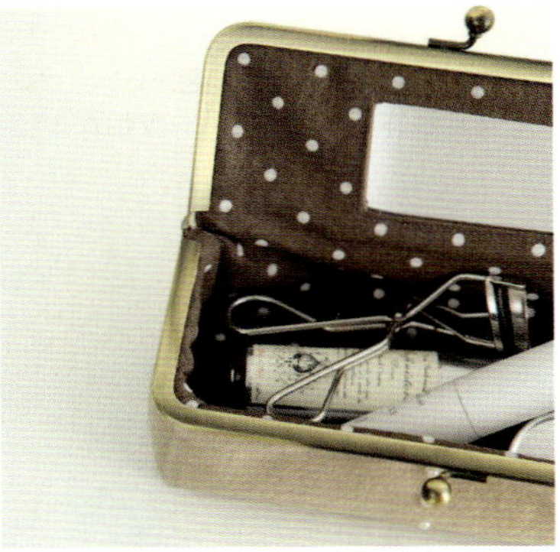

27. 小梳妆包

在摇粒绒布料上装饰提花蕾丝，这款梳妆包非常适合收纳一些化妆品。而且里面内置的小镜子，在使用起来的时候也非常方便。

how to make P67

风琴褶口金包

将口金包打开，会呈现出一种风琴褶的分层样式。
包的尺寸非常适合收纳各种卡片和零钱。

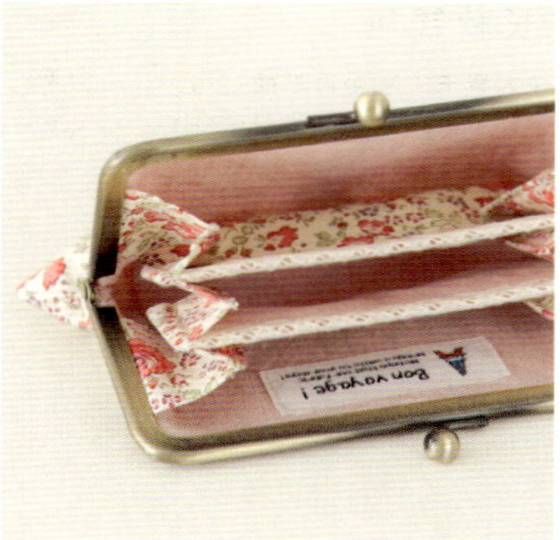

28. 短款钱包

中间一层放零钱、硬币，两侧可以放各式各样的卡片，非常方便实用。分层的制作方法要按照顺序进行。

how to make P68

设计、制作/Love*Lemoned*（作品28、29）

29. 防水布长款钱包

因此款钱包内置卡袋和带拉链的硬币袋，所以可以随便放心使用，这也是这款钱包的非常吸引人的一大优点。

how to make P70

亲子口金包

使用亲子口金制作的一款口金包。打开外面的口金包会发现里面还有一个内置小口金。如果是想把包里的物品分开放置、管理的话，非常推荐您使用这款亲子口金包。

30. 牛仔斜纹口袋口金包

包身上带有和牛仔裤一样的口袋使这款口金包显得非常可爱。可以按照个人的喜好选择线迹进行制作。

how to make P72

设计、制作/米田亚里（mini-poche）（作品30、31）

31. 蕾丝手包

将提手换成更长的带子的话，完全可以作为单肩挎包使用。而且内部还有非常方便的拉链内兜。

how to make P74

带夹层口金包

中间有一层夹层构造的口金包。
想根据不同种类将零钱分开存放时，使用这款小包非常方便。

32. 硬币包

使用的是同色系的条纹、水珠花纹和印花布料。
要从分层部分开始进行缝制工作。

how to make P75

设计、制作/米田亚里（mini-poche）

L形口金包

使用的口金是“L”形状的，稍微有一些变化。包的开口处在整个包身的侧面。
小尺寸口金制作的包适合作为卡包使用，大一点的则可以作为手包。

33. 卡包

如果使用防水布制作，这会是一款非常耐脏的卡包，而且也非常适合作为名片夹使用。

how to make P76

34. 蝴蝶结手包

非常适合在结婚仪式等场合使用，这款蝴蝶结手包显得更加可爱。蝴蝶结和包身的颜色搭配的选择，也是制作时的一大乐趣。

how to make P77

设计、制作/伊藤由香（*Coko Works*）（作品33、34）

双口金包

口金缝制在包身的外面，然后再缝上一个小口金包。
请试着在里面放入一些立刻想拿出来的东西，
这样来试试看这款双口金包的效果吧！

35. 怀旧风单肩挎包

包身前、后侧使用的布料不同，而且从设计上来看有点像有盖口金包的感觉。外侧缝制的小口金包非常方便放入车票之类的小物件。

how to make P78

设计、制作/久保寺洋子(dekobo工作室)

同款口金缝制出不同形状口金包

即使使用同款的口金，包身的形状发生改变，就可以缝制出各种不同形状的口金包。即使只用一款口金，因为创作想法的改变也会呈现出层出不穷的变化。
让我们一起体验选择不同布料进行制作的乐趣。
让我们一起来制作更多喜欢的口金包吧！

半圆形口金

P14

P14

方形口金

P11

P11

P24

亲子口金

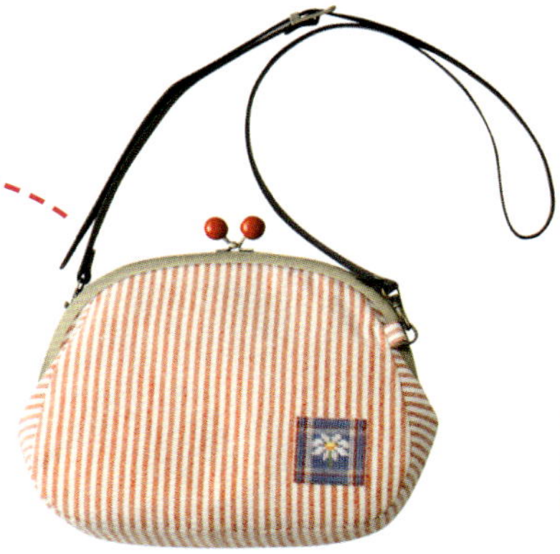
P25

P34

Lesson 2 侧边拼接口金包做法

18. 双生子迷你化妆包 photo P20

成品尺寸： 宽约7.5cm，高约5.5cm，拼接处约4.5cm
（不含口金扣头）

使用材料： 亚麻布（原色/白色） 8cm × 15cm
亚麻布（带花样黄色/粉色） 8cm × 18cm
印花棉布系列（水珠花纹/条纹）16cm × 18cm
吊链 4cm，圆形听头2个，T形针1根
直径0.8cm的串珠1颗
口金 7.2cm × 3.7cm
纸绳

实物大小纸型A面： [18]-1表布、内袋布，[18]-2表拼接布、内拼接布

裁剪方法图和尺寸：

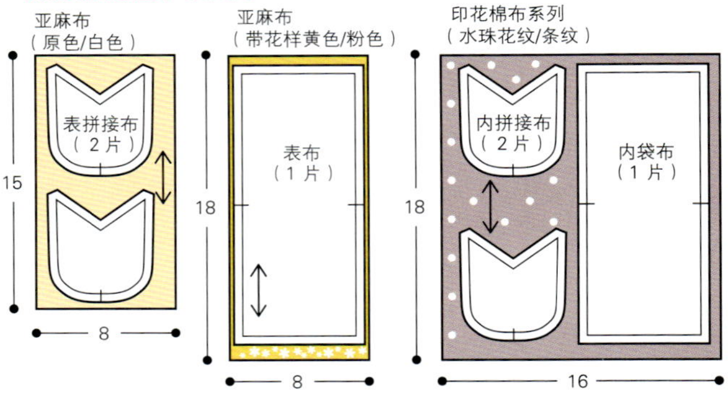

※材料从左侧开始黄色/粉色。

1. 准备工作

分别将表布、内袋布、表拼接布、内拼接布按照尺寸裁剪好。
※为了使教程看起来更简单易懂，使用的布料与前面介绍的作品布料是不相同的，而且用了比较显眼的线进行缝制。

2. 制造包身和内袋

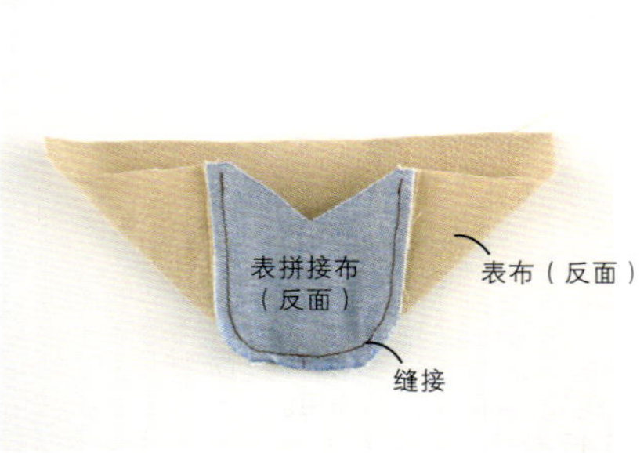

1. 将表布和表拼接布的正面和正面相对对齐后缝在一起，让缝份倒向表布一侧。比较难缝的情况下，可以先疏缝固定，然后再一点一点地缝合。

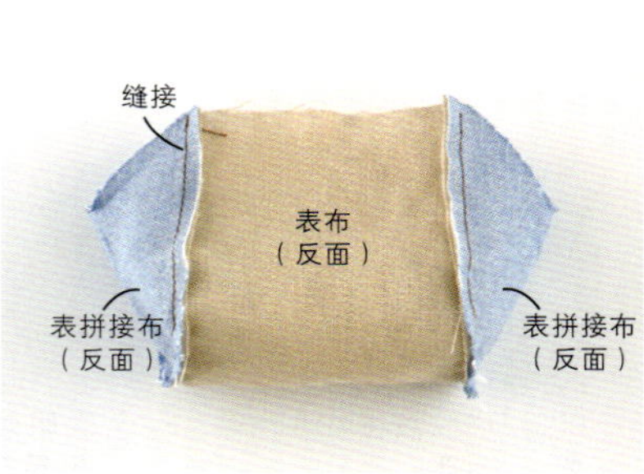

2. 另一侧也按照步骤1将表布和表拼接布缝合在一起，这样包身大致就成形了。内袋布也和内拼接布缝在一起，就缝出了内袋。内袋的缝份要倒向拼接布一侧。

3. 包身和内袋的缝合

1. 将包身正面朝外，放入内袋中并对齐。

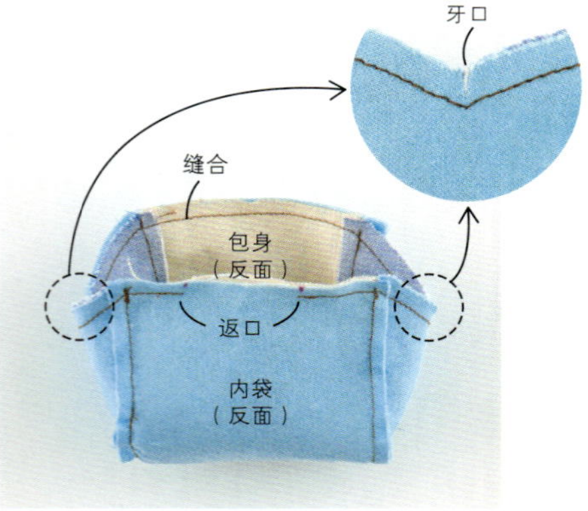

2. 留下返口，然后将袋口缝起来。拼接布的V形部分的缝份要剪出一个牙口。

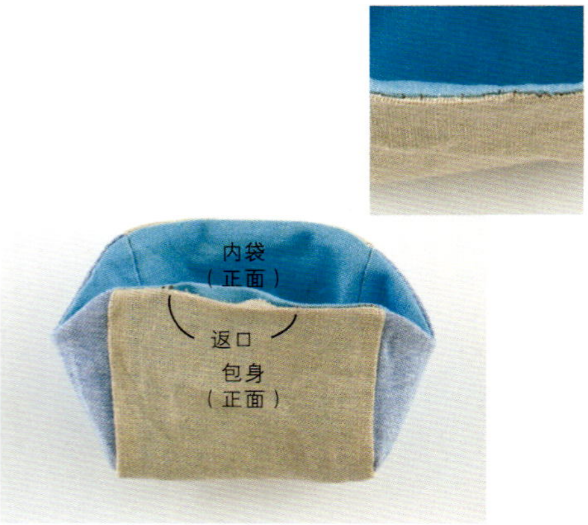

3. 在返口处将包身抽出，正面朝外，然后把返口缝合。

4. 安装口金

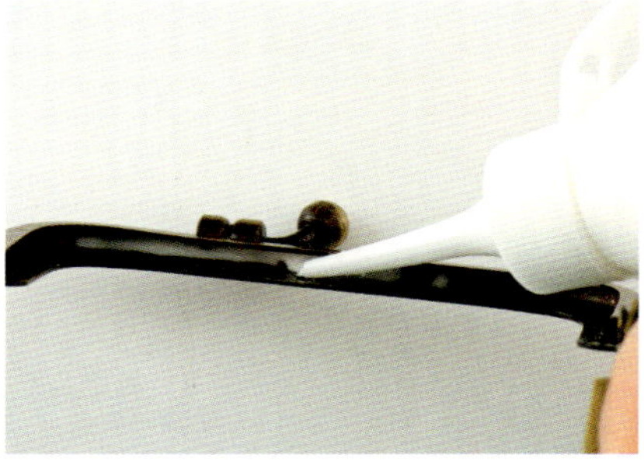

1. 在口金槽里涂上胶水。要注意胶水不要涂在有孔的地方。

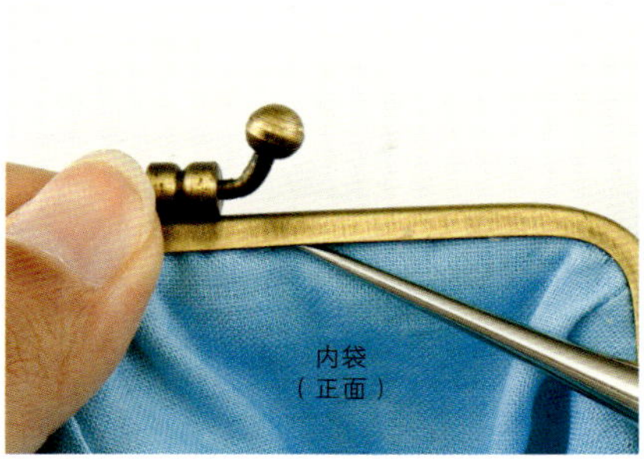

2. 将包身的中心和口金的中心对齐后，把包身塞入口金槽内。

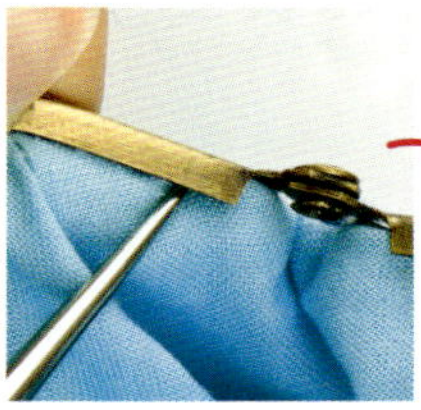

然后将侧边也塞入口金槽内。为了让包身的侧边能够到铆钉的位置，需要使用锥子进行调整。

向着各个转角进行调整。

Lesson 2

3. 胶水干燥之前包身和口金的接合处很容易脱落，所以要用2股线将口金和包身固定起来。

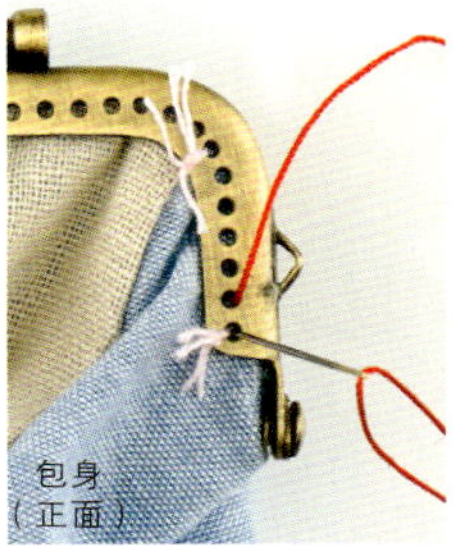

4. 取手缝线，开头打结并开始缝，从第2个孔眼处拉出线后，再从第1个孔眼处入针。

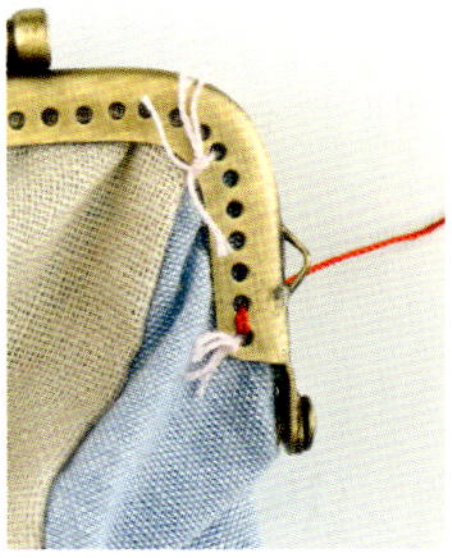

5. 在相同的地方再缝一圈，起到加强固定的作用。

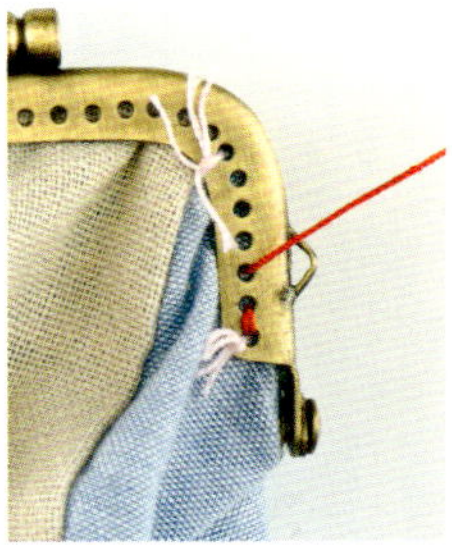

6. 从第3个孔眼处将线拉出。

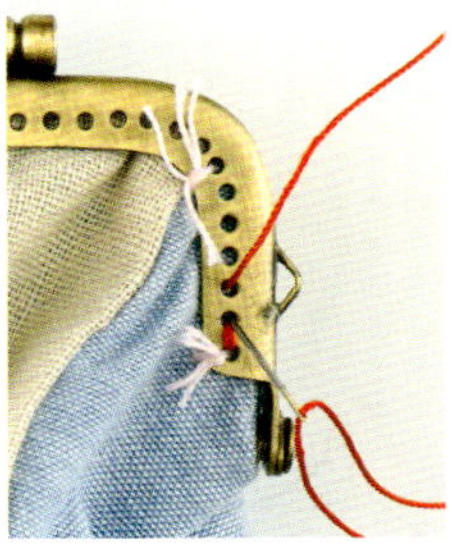

7. 从第2个孔眼处穿过针。

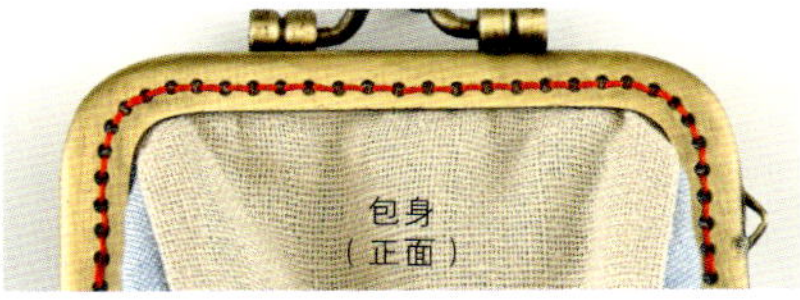

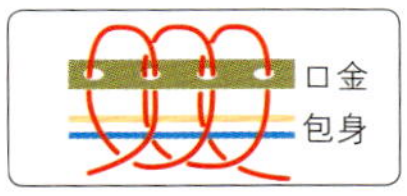

8. 重复步骤6、7，按照回针缝的要点将包身和口金缝在一起。为了起到加固的作用，最后一针也是缝2圈再打结收针。去掉最初固定用的线。

让内袋缝线不明显的小方法

穿针入孔，使用1根或2根线，从同一孔中穿出，针脚呈星点状。

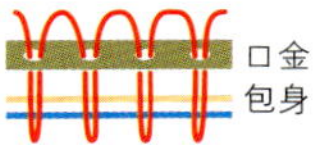

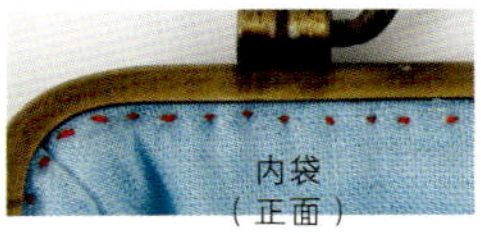

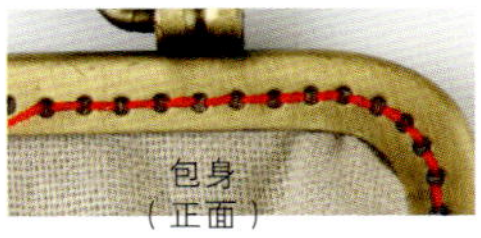

9. 用钳子把口金的边口位置夹紧，在听头处装饰上吊链和串珠。

成品

Lesson 3 连贯拼接口金包做法

24. 亚麻刺绣口金包　photo P24

指导 / 安田由美子（NEEDLEWORK LAB）

成品尺寸： 宽约19cm，高约13cm，拼接处约6.7cm（不包括口金扣头）

使用材料： 亚麻布（藏青色）45cm×20cm
亚麻布（蓝色）15cm×50cm
棉布（花样系列）35cm×50cm
布衬90cm×50cm
DMC25号刺绣线744、3347、3853、3865、3721（小徽章收边卷边用）各色适量
口金 15.2cm×6cm、纸绳

实物大小纸型B面： [24]-1表布、内袋布、[24]-2表拼接布、内拼接布、[24]-3内兜、[24]-4刺绣图案

※小徽章的制作方法请参考p47

裁剪方法图和尺寸

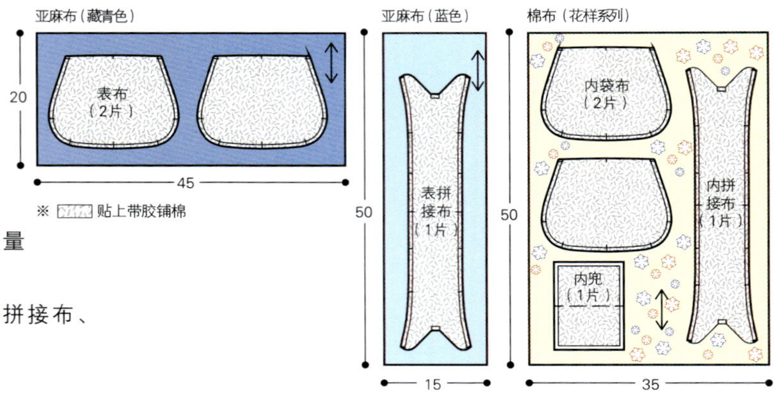

1. 准备工作

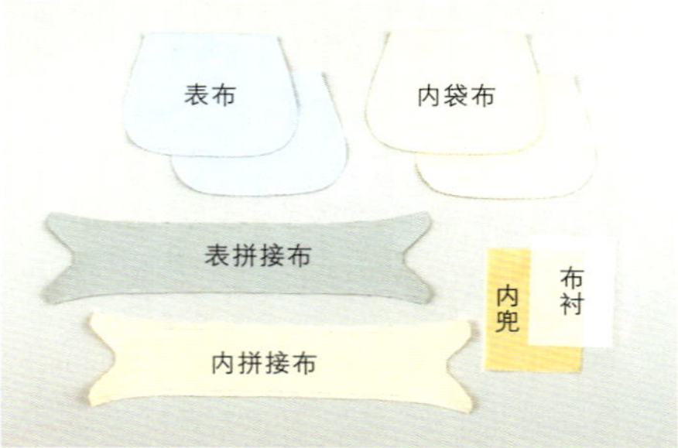

1. 分别在表布、内袋布、表拼接布和内拼接布的内侧贴上布衬然后裁剪。内兜处需要将裁剪好的布衬裁断。
※为了更简单易懂，使用的布料与前面介绍的作品不同，而且使用的也是比较鲜艳的线。

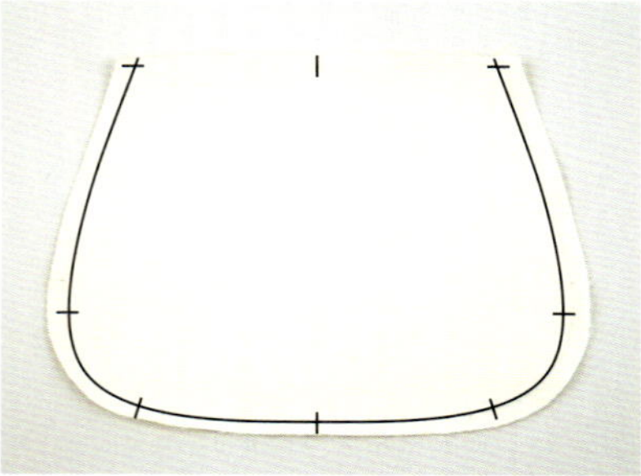

2. 然后在里布上标出完成线和合印的标记。如果在标记位置的缝份处事先剪开0.2cm左右的小牙口（V形牙口），制作的时候会非常方便。
※缝制小徽章时，要在做完标记之后再缝。

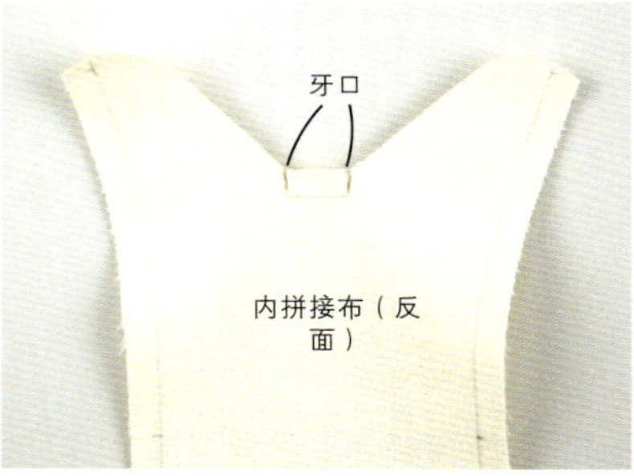

3. 在表拼接布和内拼接布的缝份处剪出小牙口。

2. 缝制内兜

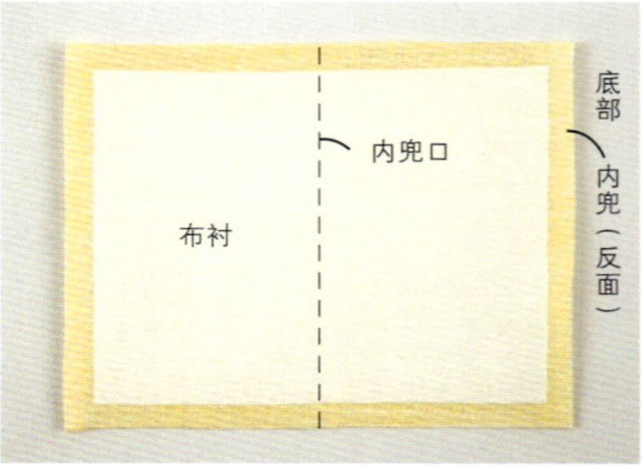

1. 在内兜布的反面贴上布衬。

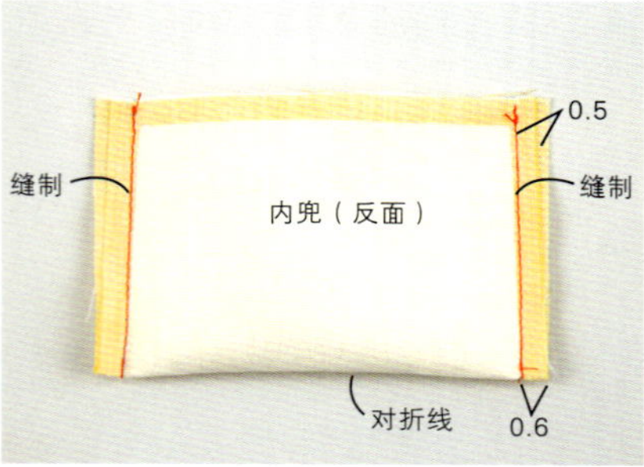

2. 将内兜布从中间对折，缝合完成线。这样缝接缝的针迹都在内兜的反面，成品看起来就非常美观。

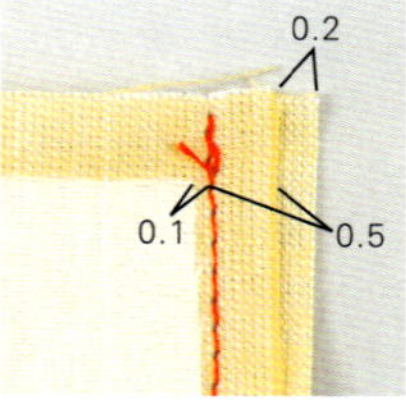

将里侧的布多抽出0.2cm缝制。

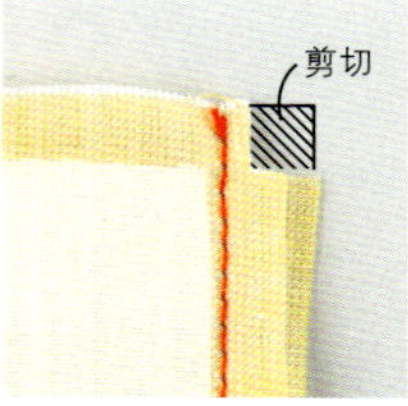

然后如图将缝份处剪掉。

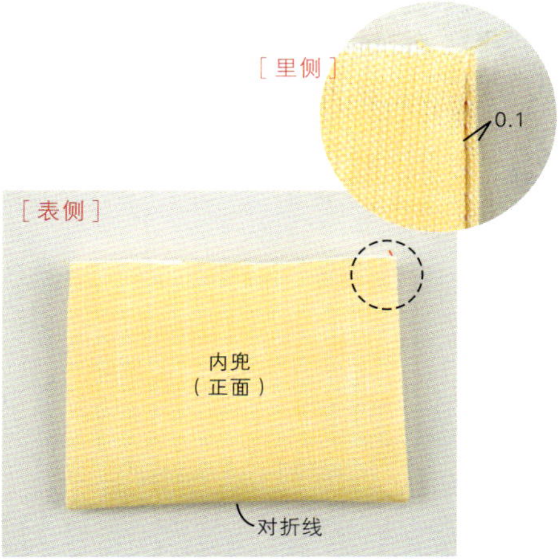

3. 把内兜反过来正面朝外，用熨斗熨平。里侧的布会多出来约0.1cm。

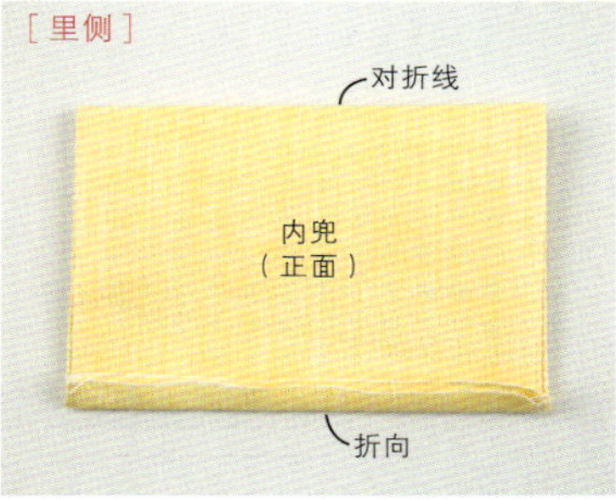

4. 用熨斗将内兜底部的缝份如图折叠。

如果在纸型上用锥子在内侧0.5cm处挖开一个孔，然后在包身上做上标记的话，这样在内兜的缝制位置处就看不到标记了，成品看起来也会很美观。

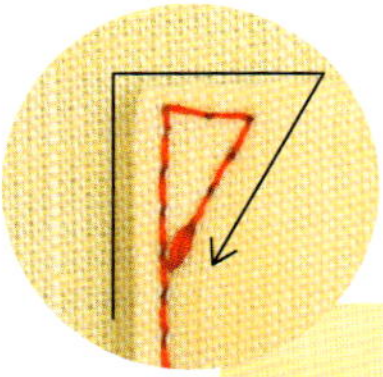

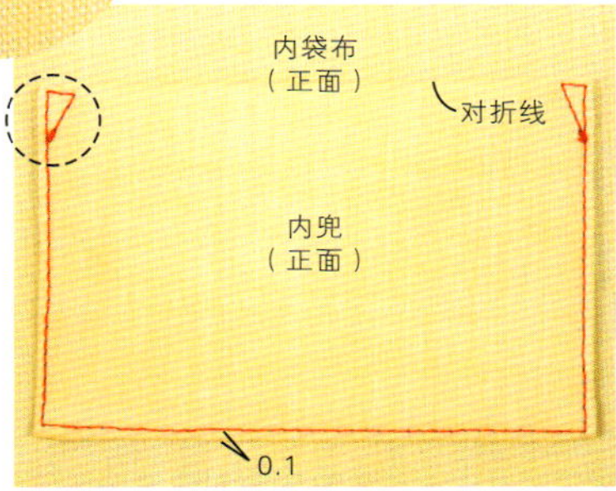

5. 将内兜缝在内袋布的对应位置，为了起到加固作用，口袋边的两侧缝成三角形。

3. 制作包身和内袋

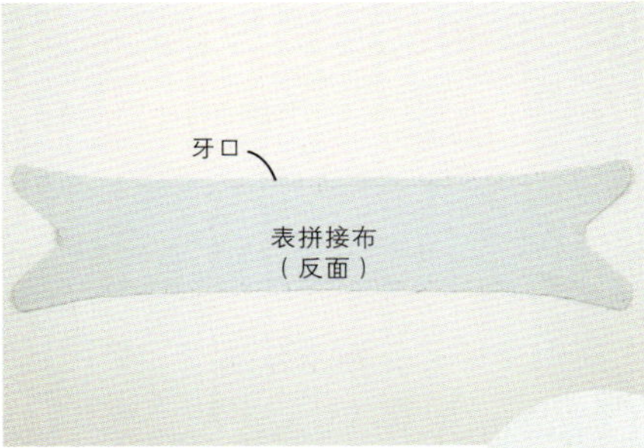

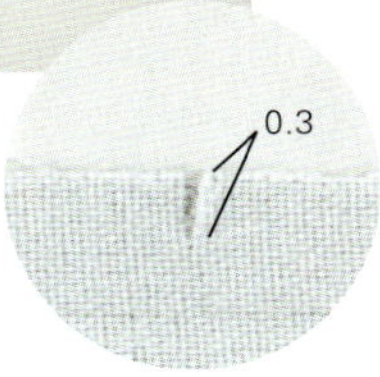

1. 在拼接布的缝份处剪出一个小牙口，表拼接布牙口0.3cm，内拼接布牙口0.4cm。然后将拼接布调整成微微弯曲的形状。

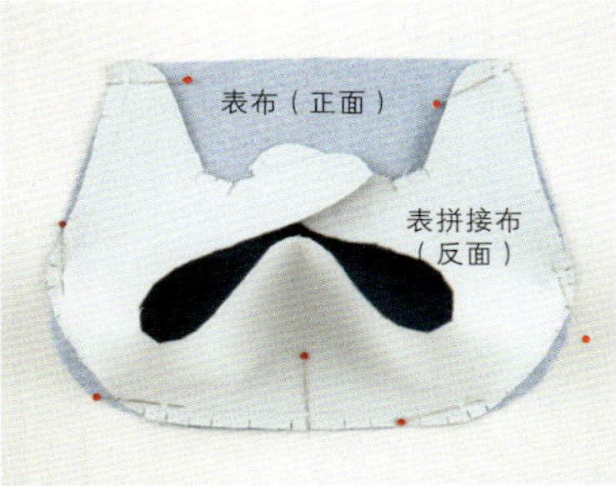

2. 将表布和表拼接布正面相对，对齐合印然后用珠针固定。因为弯曲处的拼接布可能会翘起，所以珠针和完成线呈平行状固定的话，缝制起来会比较容易。

3. 从拼接布一侧缝制。在缝制开始和结束处预留出0.3cm不缝，这样在扣合口金的时候比较容易塑形。用锥子一边调整周边的弧度一边缝制。

4. 表布在完成线的稍外侧、内袋布在完成线的稍内侧进行缝制，这样最后对齐的时候内袋布不会多出来。

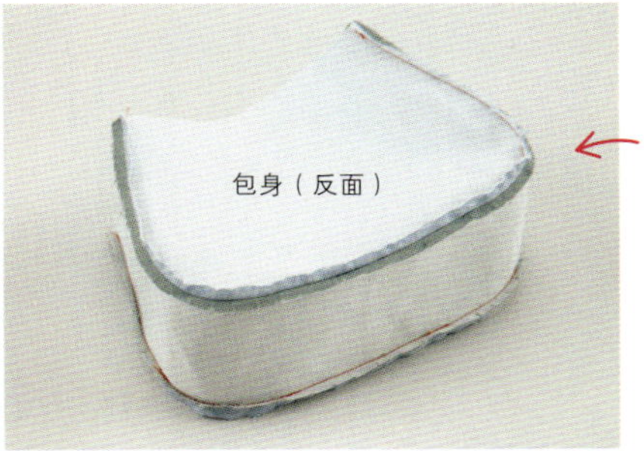

5. 用熨斗将表布和内袋布的缝份熨开。

先用手指将两侧缝份拨开，然后再用熨斗的前端将两侧缝份熨开。

包身一侧的缝份上剪出小牙口。如果是比较厚的布料可以将牙口剪成V形。

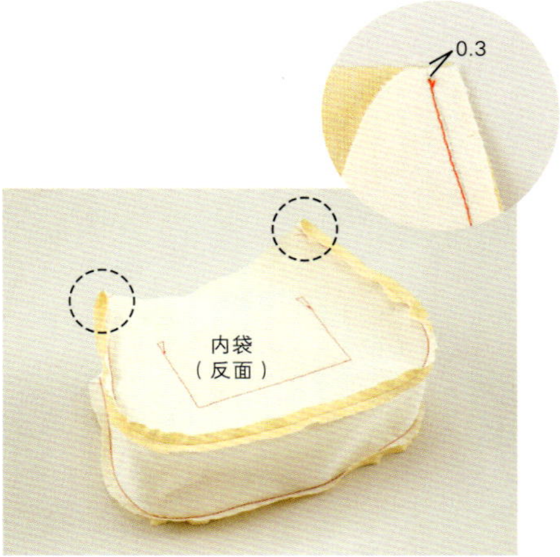

6. 将内袋布和内拼接布对齐后按照同样的方法缝制，制作成内袋。缝份处也用相同的方法进行处理。

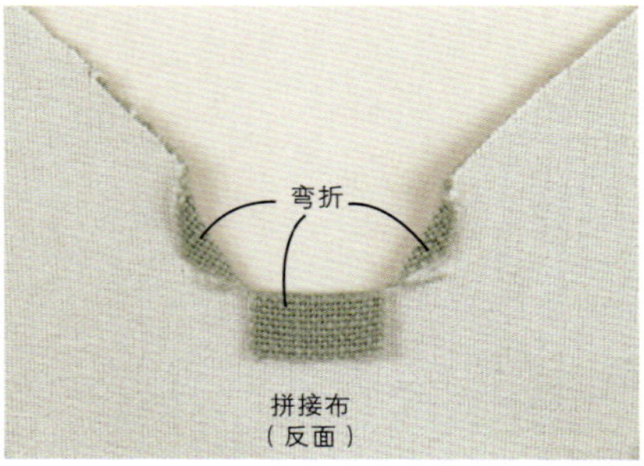

7. 拼接布的牙口窝向内侧，涂一层薄薄的胶水后贴合好（包身和内袋一起）。

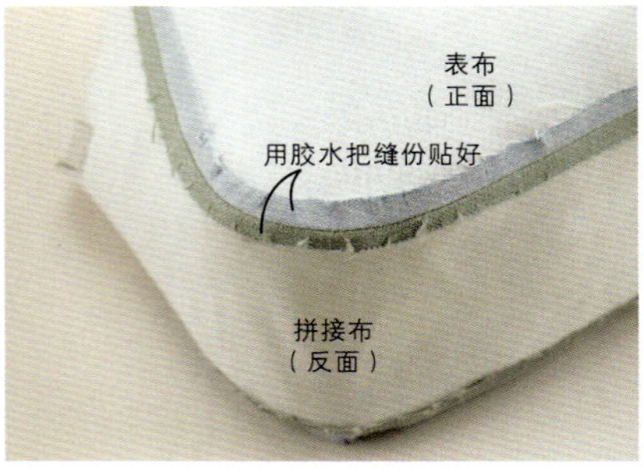

8. 如果有缝份翘起的情况，就再涂一层薄薄的胶水进行贴合（包身和内袋一起）。

4. 贴合包身和内袋

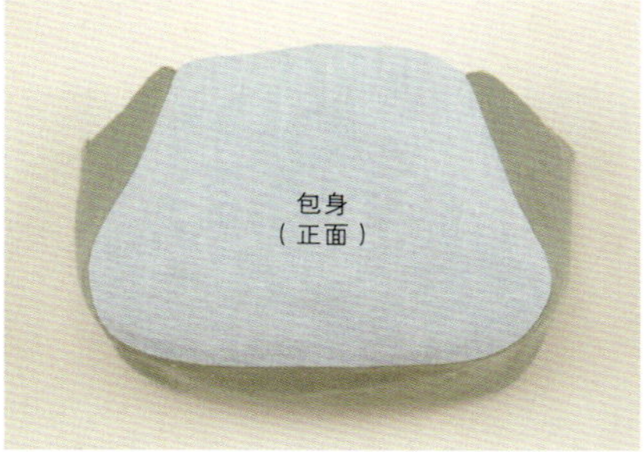

1. 将包身翻过来正面朝外，如果有皱褶的话要先用熨斗熨平，要是放着不管的话，以后即使使用熨斗也很难熨开。

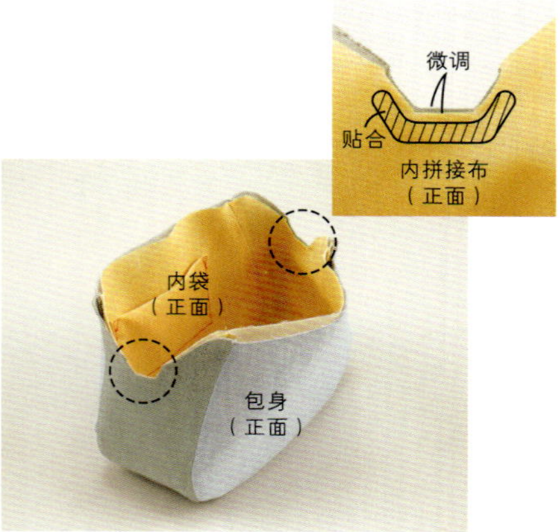

2. 内袋正面朝外放入包身中，将侧边处对齐，然后使用胶水将袋口贴合。为了包体美观，内袋的位置需要稍微向下调整一些，这样从正面就看不到内袋的布料。

3. 将包体和内袋的中心相对，用胶水把袋口贴合。然后将拼接布和包身的缝份处对齐缝合。之后，再用胶水将整个袋口贴合完整。最后用夹子固定直到胶水完全干燥。

5. 安装口金

1. 将纸绳打开放松。

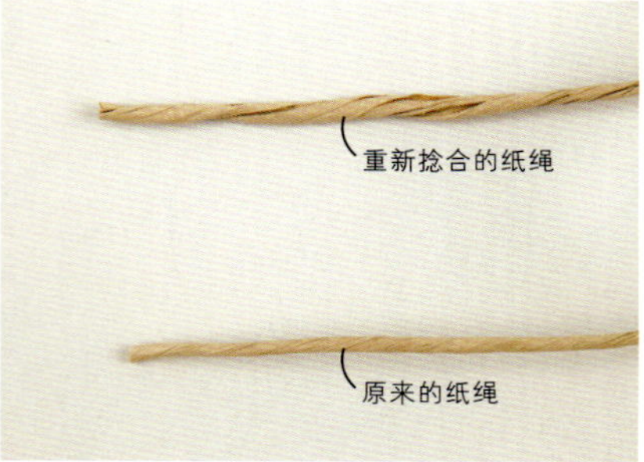

2. 然后再重新将纸绳捻起。经过处理的纸绳要比原来的纸绳更柔软、更粗，所以在涂胶水时更容易。

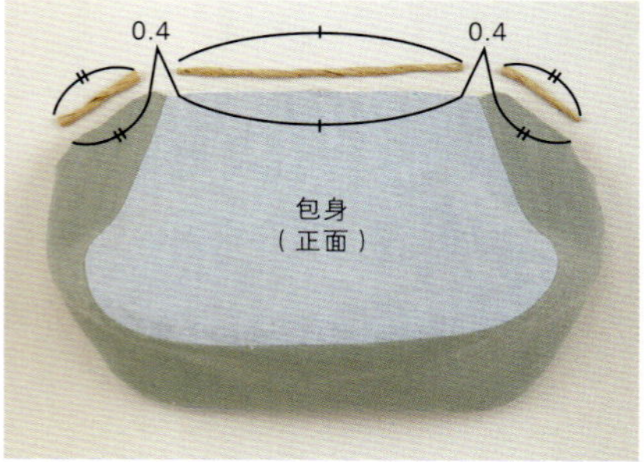

3. 裁剪纸绳。将纸绳按照去掉0~4cm的缝份长度进行裁剪，包身处准备2根，拼接处准备4根。

[截面]

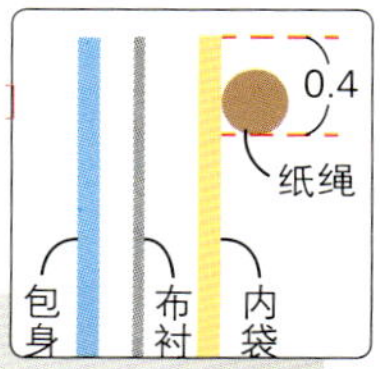

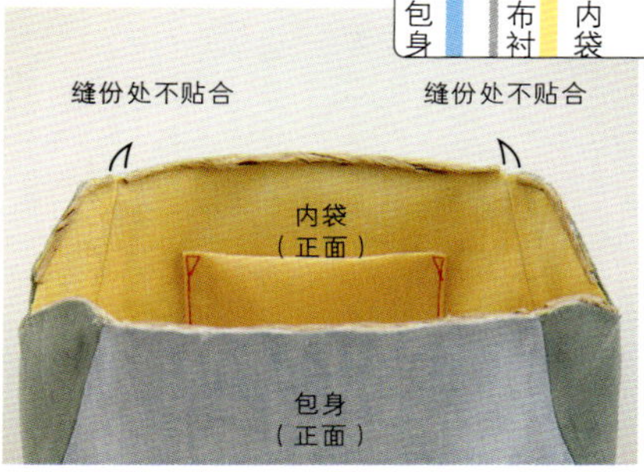

4. 用胶水将纸绳固定在袋口。纸绳要稍微固定在距离裁剪边靠里的位置。缝份的位置不贴合纸绳。

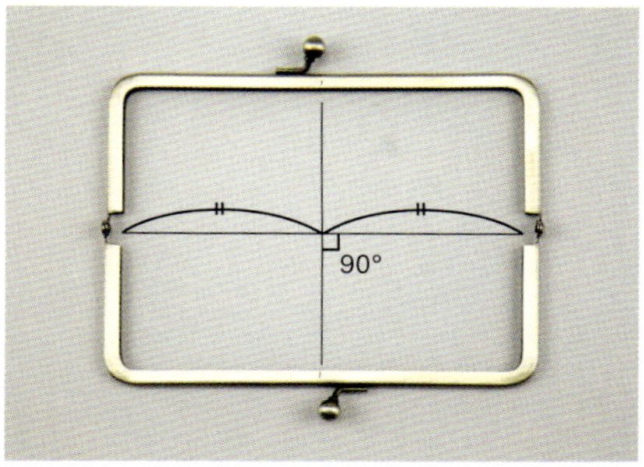

5. 用油性笔在口金的中心位置做标记。以两边铆钉为基准将其二等分，然后做垂直线，找到口金的中心位置。

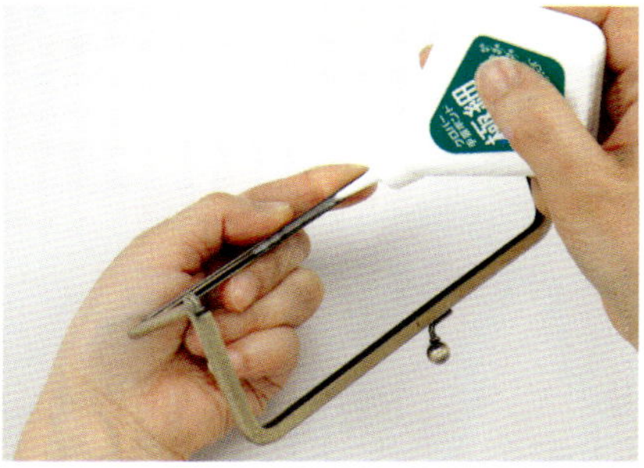

6. 在口金槽涂上胶水。请注意不要因为胶水涂得太多导致外溢。出口较尖的胶水瓶使用起来更方便。

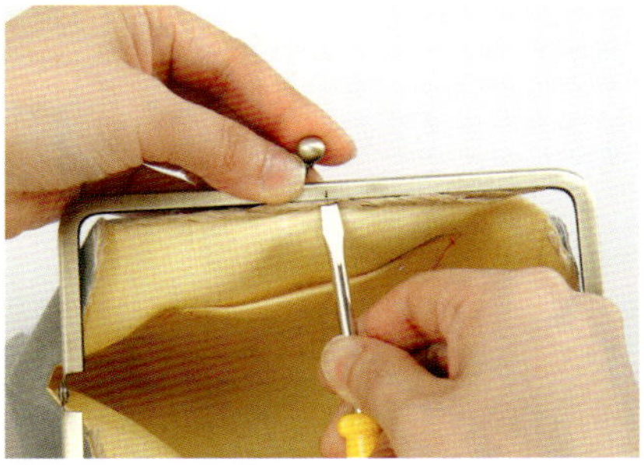

7. 使用一字螺丝刀将袋口的中心和口金的中心对齐，然后将袋口和纸绳塞入口金槽内。

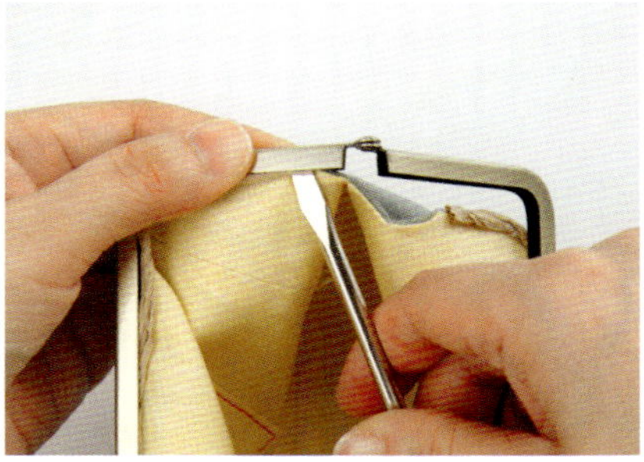

8. 将袋口的边和口金的边对齐塞入口金槽内。

9. 将其余的部分也全部塞入口金槽内。角的位置使用手工用锥子的话会更方便。采用相同方法将反面也塞入口金槽中。将左、右拼接处都弄整齐，然后打开口金，晾干胶水。

10. 用钳子将口金的侧边夹紧。用皮革片等物从内部将口金包起来，这样钳子只会碰到口金的内侧，保证口金的美观。

11. 用棉签棒蘸取去油溶剂擦除口金中间的标记。

成品

等胶水放干之后就可以使用了。

口金包制作基础

在第一次制作口金包之前，让我们先从基础知识开始学习吧！
下面给大家介绍一下需要事先准备的各种材料、工具和纸型。

口金

◆ 口金的种类

口金有各种各样的形状。
给大家介绍一下本书中使用的一部分口金。

A…半圆形口金
B…方形口金
C…缝合型口金
D…半圆形口金（单边双环）
E…短腿方形口金
F…山形口金
G…亲子（内、外）口金
H…夹层口金
I…L形口金

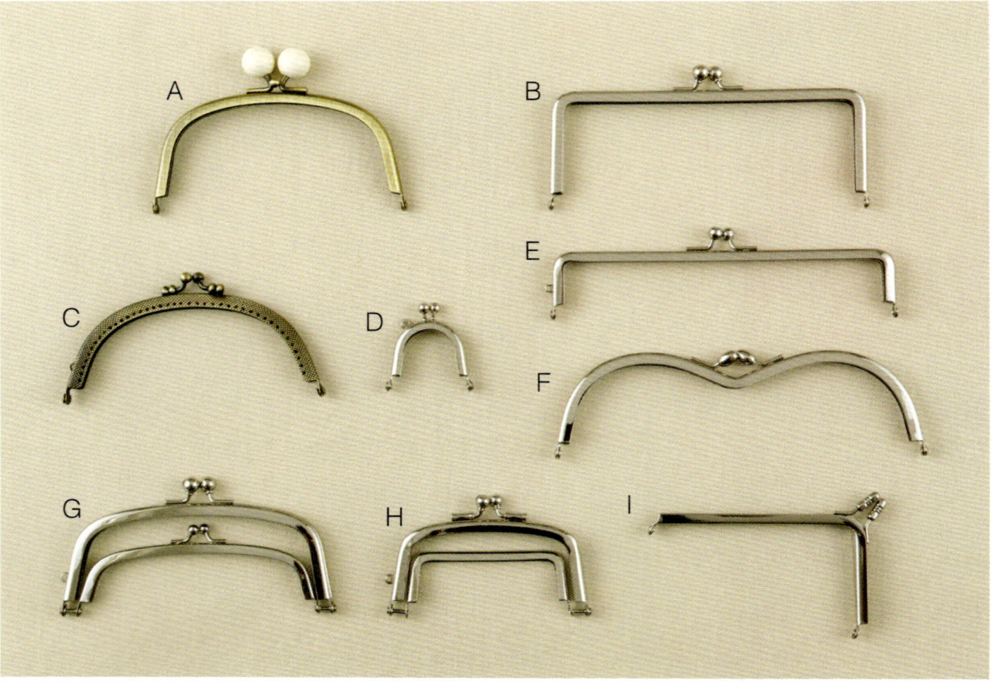

◆ 口金的组成部分和尺寸测量方法

课程介绍页和做法介绍页里提到的各种口金的大小的测量方法如下。
事先如果能记好口金各部分的名称，对流畅的制作会起到很好的帮助。※测量出来的尺寸大小有可能与厂家标记的尺寸有一点误差。

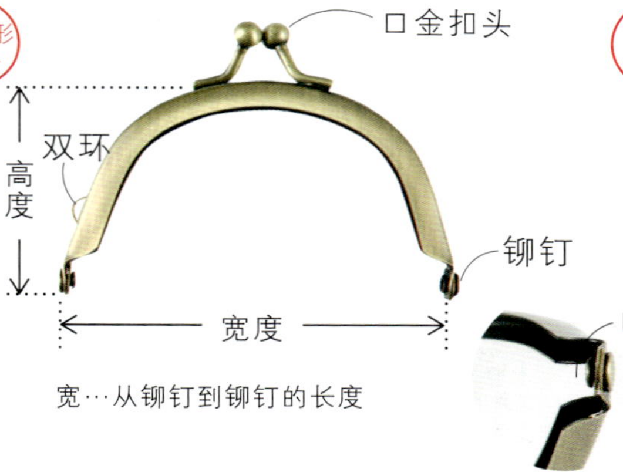

高度…从口金最高的位置一直到铆钉处的长度

宽…从铆钉到铆钉的长度

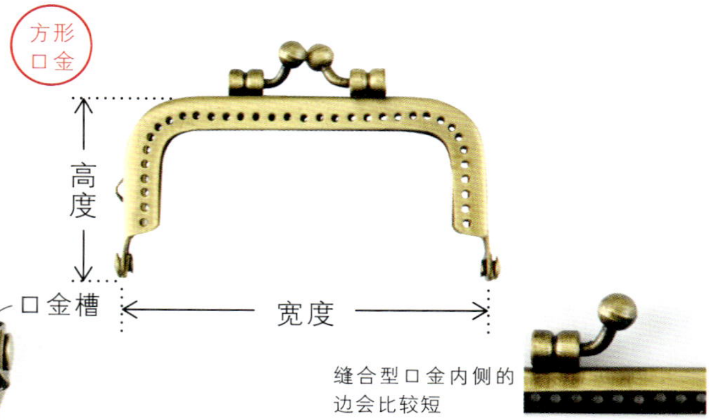

缝合型口金内侧的边会比较短

各种工具

◆ 制作口金包的必备工具

制作口金包之前，先看看都需要准备哪些工具吧！
除了下面的这些工具之外，还需要准备缝纫用的工具。

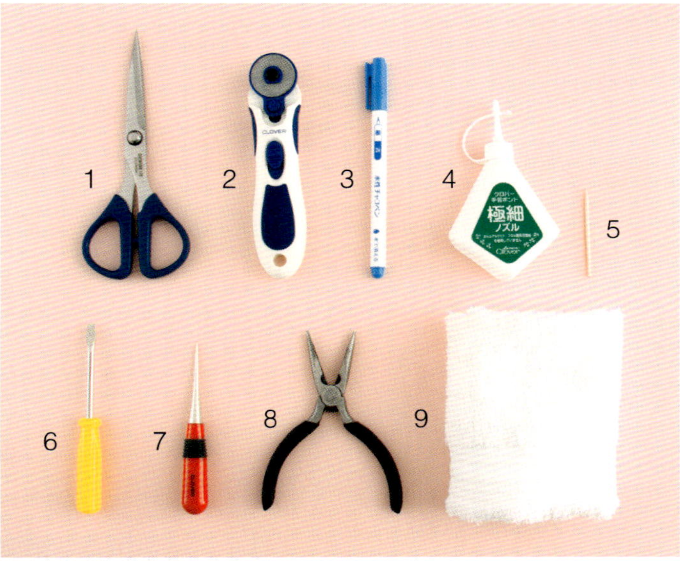

1. 裁剪用剪刀…布剪。这种布剪前端很锋利，其尺寸非常适合裁剪那些较小的部分。
2. 轮刀…圆形的刀刃放在布料上就能裁切。小巧的设计使用起来灵活方便，非常适合与裁切板一起使用。
3. 水消笔…用来做标记。推荐使用水消笔或者放置一段时间笔迹能自动消失的笔。
4. 手工用胶水（细喷嘴）…细喷嘴向口金槽里涂抹胶水，操作起来比较容易。
5. 牙签…使用牙签可以使涂在口金槽中的胶水更均匀。
6. 一字螺丝刀…将包身或者纸绳等塞入口金的时候使用。
7. 锥子…将包身塞入口金的时候，可以使用锥子进行一些非常细微的操作。
8. 钳子…用于固定口金的边缘。配合垫布一起使用。
9. 湿布巾…用来擦拭溢出的胶水。

◆ 使用起来很方便的工具

经常制作口金包的话，如果还有以下工具，制作起来会更方便。

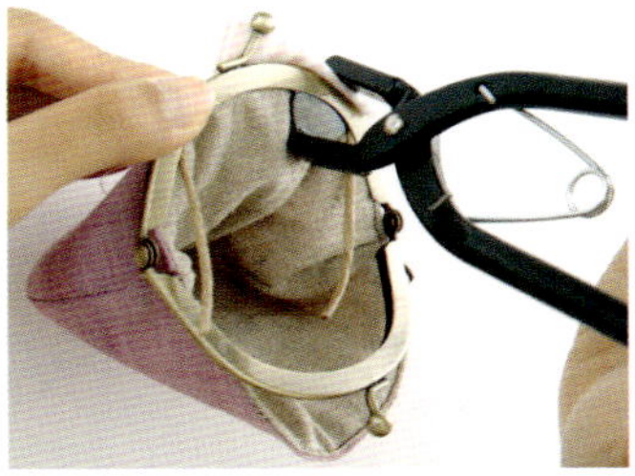

扣入口金式钳子…
握住把手，可以把纸绳塞入口金中。

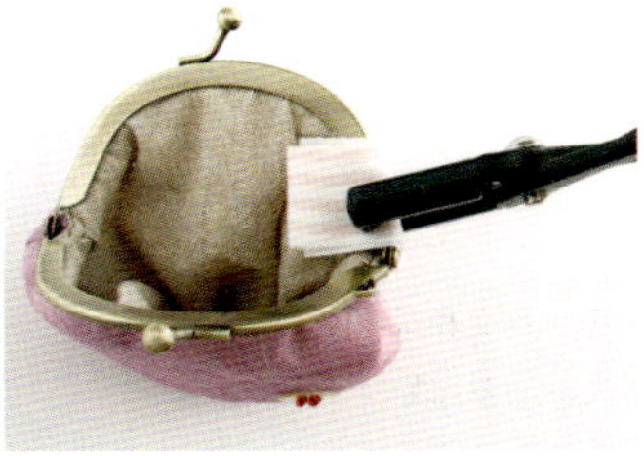

口金固定钳…
钳子的前端夹住口金的边缘，可以适当地将口金夹紧固定。

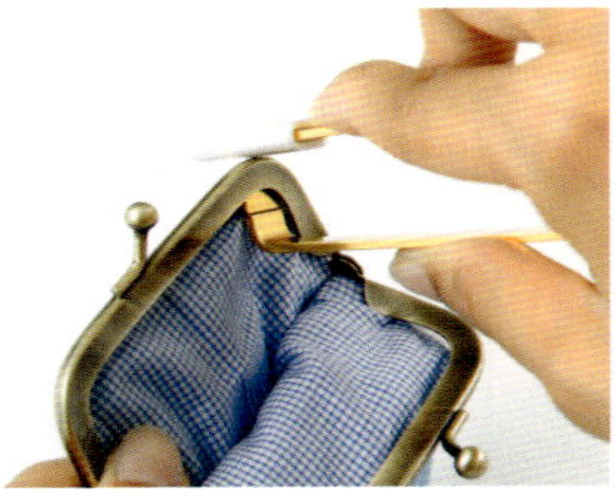

口金专用塞入工具…
把包身和纸绳塞入口金的时候使用。使用这种工具不会对口金的表面造成伤害。

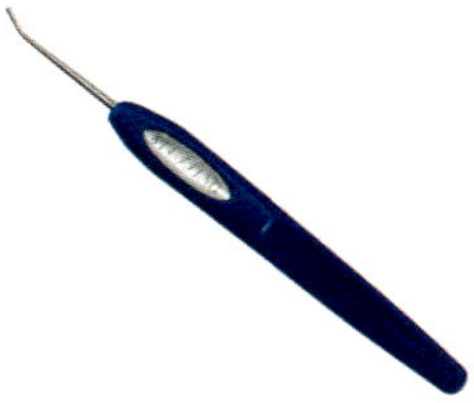
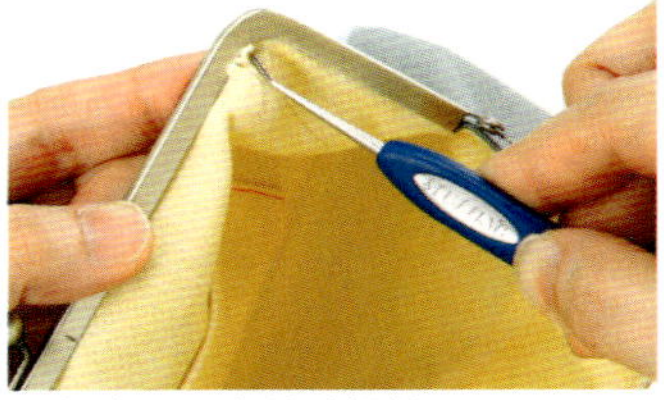

手工用锥子…
工具的前端有弯折，在将包身和纸绳塞入口金的时候使用非常方便。

布料

◆ 口金包制作时推荐使用的各种布料

介绍本书中作品制作使用的各种布料。布料的种类非常多，希望这里的介绍能为大家选择布料时提供一些参考。

亚麻布

使用亚麻纤维制作而成的布料。不仅有未染色的原色亚麻布，还有各种染过色的彩色亚麻布料。

帆布

可以在游艇帆或者帐篷上使用的一种非常结实的布料。1号布是最厚的，随着编号变大，布的厚度会变薄。

印花棉布

就是在床单、被罩用布料或者合成布料的表面印染上各种花样。选择不同花样的布料进行制作，口金包会呈现出完全不同的风格。

防水布

在表面涂上一层树脂的布料，也叫树脂涂层布料。因为表面的树脂是不能使用熨斗进行熨烫的，这一点一定要注意。

细麻布

使用细麻线织成，如绢布般柔软，是一款色彩艳丽的轻薄的织物。因为布料本身比较薄，所以推荐和布衬贴合一起使用。

斜纹牛仔布

织目较密集，布料很结实，经常在制作牛仔裤时使用的布料。较薄一点的牛仔布，只使用家用缝纫机就可以进行缝制。

提花织物

编织的时候将花样提出来制作的布料。布料本身的制作设计方法透出一种高贵优雅的感觉，所以非常适合用来制作宴会用的各种口金包。

人造皮革

使用纺织物或非纺织物为底，在表面涂上合成树脂做成类似于皮革质感的人造皮革面料，也叫合成皮、PU。如果布料上有针孔的话是没有办法堵住的，所以需要注意。

摇粒绒

将剃下来的羊毛按照最初的整张的状态或者在纺织阶段变成薄薄的布料。最近使用合成纤维制成的类似摇粒绒的布料非常流行。

◆ 布料防缩水

布料买回来之后，要先用水洗一遍，防止使用后缩水。

※不同布料性质不同，有些是必须过一遍水，这一点一定要注意。

1. 将布料叠成风琴褶放在洗脸盆或者洗衣机中，在水中浸泡一夜。

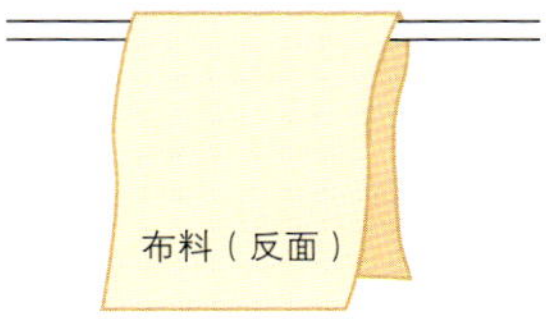

2. 第二天，将布料稍微脱水。然后按照布料的纹理和织目抚平晾晒干。

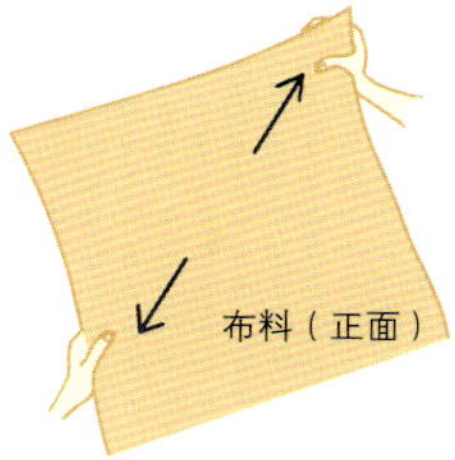

3. 等到布料完全晾干之后，从横向、纵向将布料的织目拉至接近直角形状。

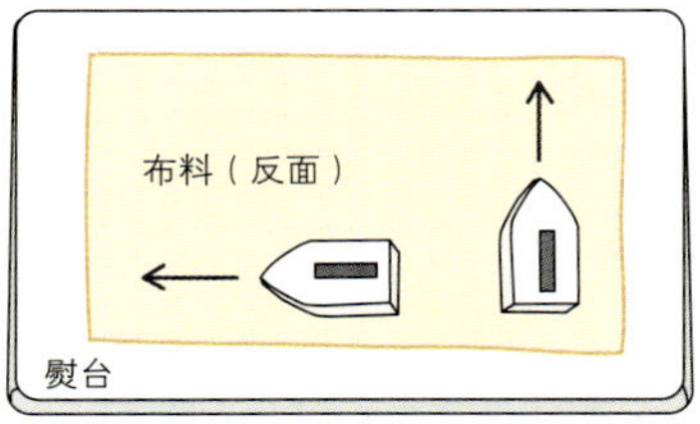

4. 然后从布料的反面，将织目调整成接近直角时用熨斗熨平。

布衬

◆ 布衬的种类

使用布衬可以防止缝制包包时针从布料里滑落出来，而且把布衬贴在布料的反面使用还可以起到保持成品外形美观的作用。

使用的基础布料不同，布衬也需要挑选使用哦！

纺织类

编织底布做成的布衬。如果表布是棉布或绢布的情况下，推荐使用合适的纺织类布衬。

非纺织类

用纤维朝向不同方向连在一起的底布做成的非纺织类布衬。因为底布没有纹路，所以使用起来方便，效率高。

黏合布衬

在拉伸的很薄的棉上涂上胶，如果想让效果看起来蓬松的话，就几片贴到一起使用。有时也叫带胶铺棉。与其类似的是毡布布衬，但毡布内侧有一层非纺织布，无法涂胶水。

◆ 布衬的贴合方法

布衬一直贴到缝份处的情况下，建议将布衬贴好之后再进行裁剪。如果是布衬没有贴到缝份处的话，可以先把布衬按照成品的尺寸裁剪好，然后再贴在表布上。

布衬含缝份

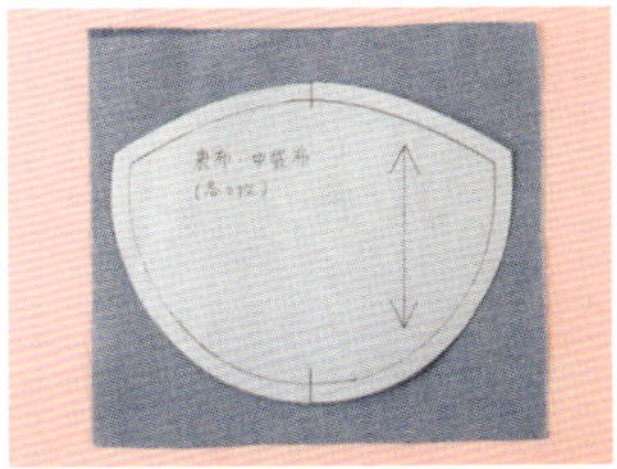

1. 将布裁剪成比要贴合部分更大的尺寸。

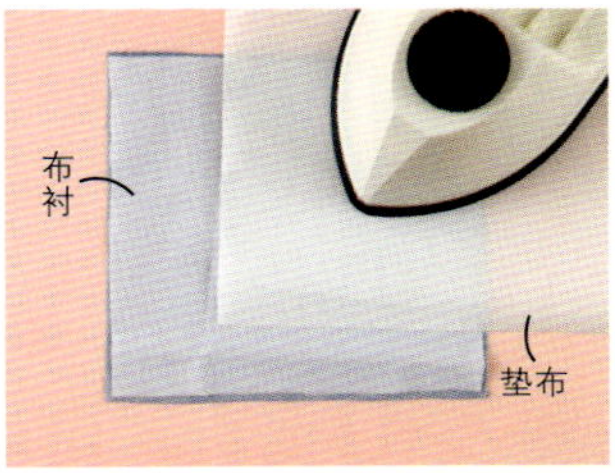

2. 布衬裁剪成比布料稍微小一点的尺寸。把粗糙不平、涂有胶的一面与布料的反面放在一起，然后再用熨斗进行加热使其贴合。

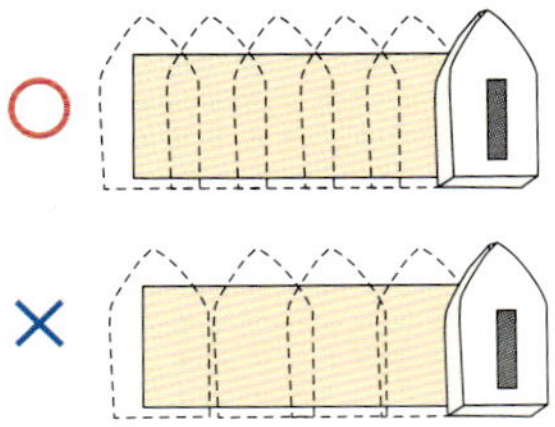

使用熨斗加热时要避免出现空隙。

布衬不含缝份

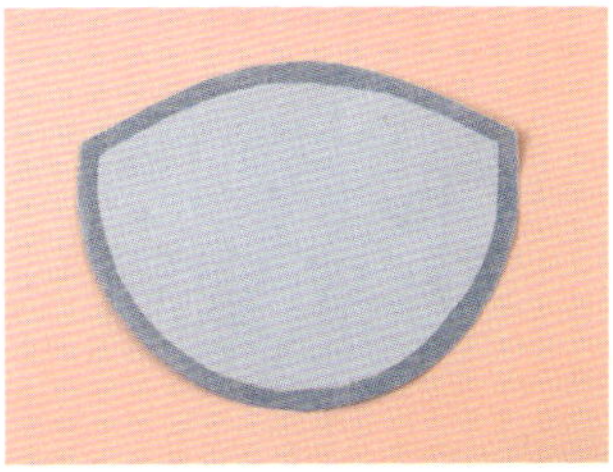

缝份处不贴布衬的情况下，将布衬按照成品尺寸的大小进行裁剪。制作纸型时如果有缝份，需要再准备成品尺寸大小的纸型。布料裁剪使用的纸型也要按照成品尺寸大小裁剪。

纸型的使用方法

◆ 转绘

将随书附赠的实物大小纸型转绘到另外一张纸上制作单个纸型。也可以使用复印机进行复印，然后裁剪成纸型使用。

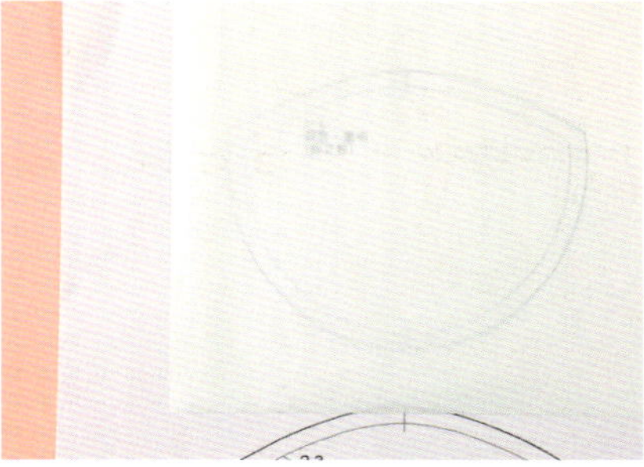

1. 实物大小纸型，在上面覆盖上半透明的薄纸。

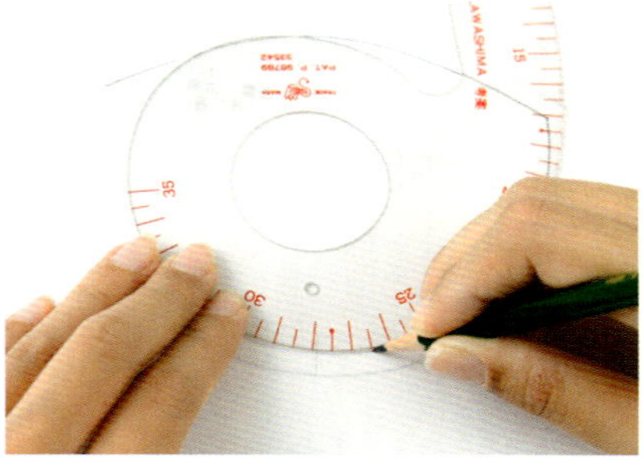

2. 要准确地画出纸型上的线。可以使用曲线尺，这样画出的线更美观。

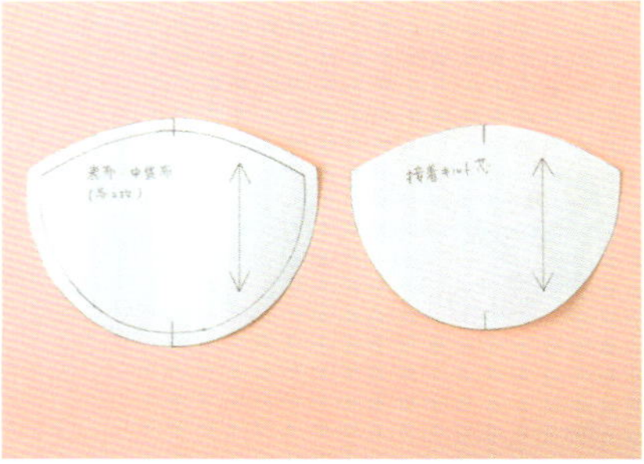

3. 标记出合印、布纹方向、各部分的名称等，然后再裁剪。

◆ 裁剪

按照纸型大小裁剪布料。完整漂亮地按照纸型大小裁剪好布料，成品的形状也会更完美。

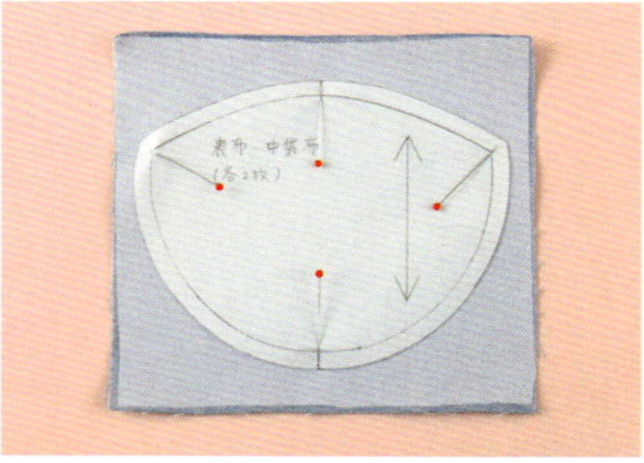

1. 布料的织目方向和纸型上标的织目方向对齐，然后将纸型放在布料上并用珠针进行固定。

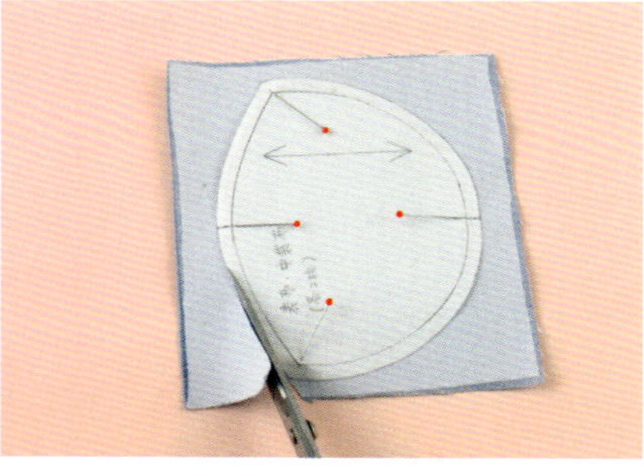

2. 从布料的一端开始，使用剪刀或者轮刀进行裁剪。

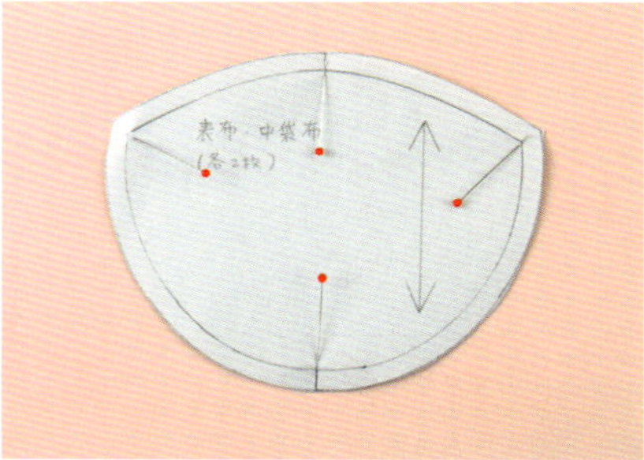

3. 按照纸型大小裁剪好布料。

◆ 做标记

在裁剪后的布料上标记完成线和合印。

标记完成线

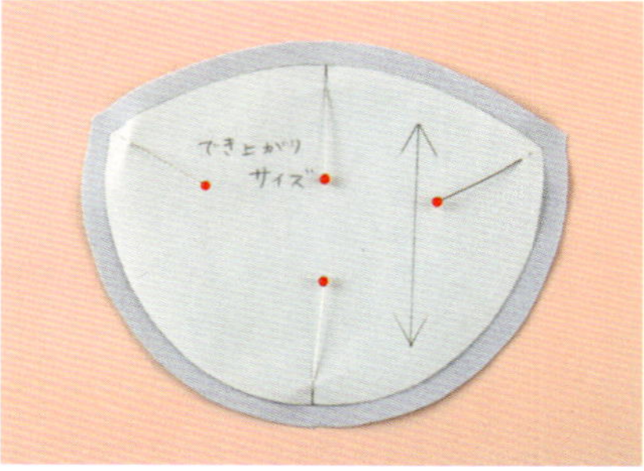

1. 裁剪后的布料与成品尺寸纸型对合，然后用珠针固定。※成品尺寸的纸型是把带缝份的纸型的四边修剪干净然后使用。

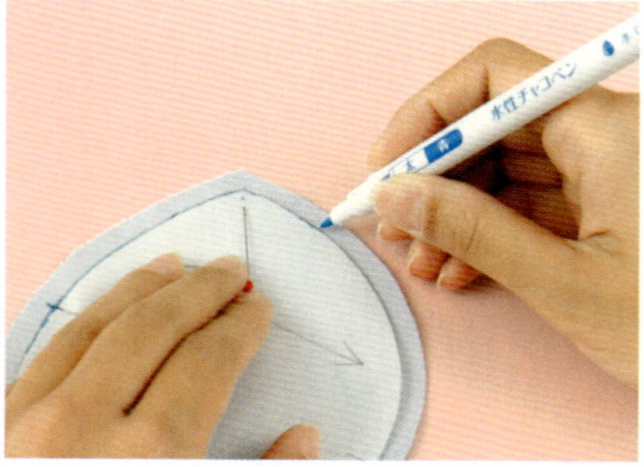

2. 把纸型的四边与布料的对齐，然后画出标记线，同时画出合印的标记。

裁出V形牙口

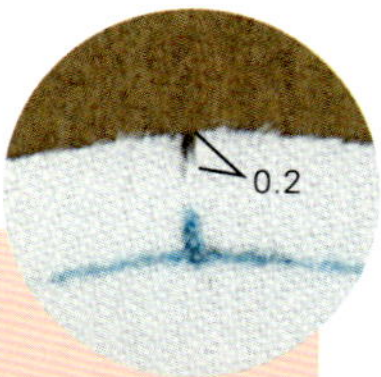

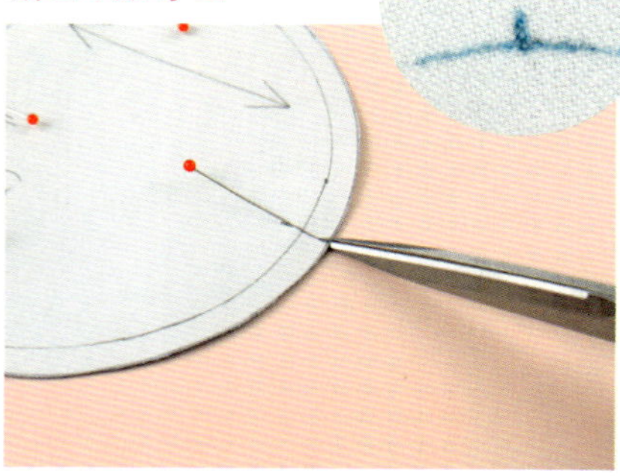

在缝份处标有合印的位置剪出0.2cm的牙口的话，从正面也可以看到标记。

刺绣方法

◆ 直线绣

使用一根刺绣线绣出的针迹。
针迹的长度和排列方法不同，可以绣出不同的花样。

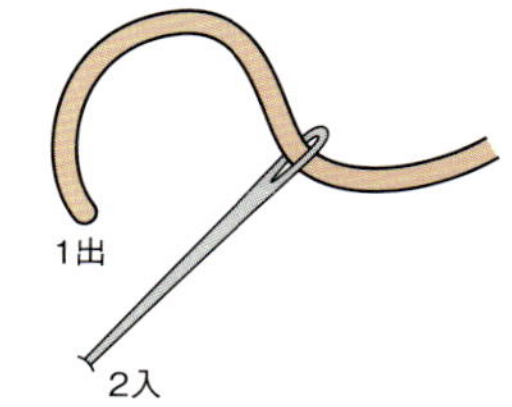

◆ 平针绣

手工绣制的正反相同的针迹。
刺绣出的针迹的长度都一致，这也是这种刺绣方法的一个突出优点。

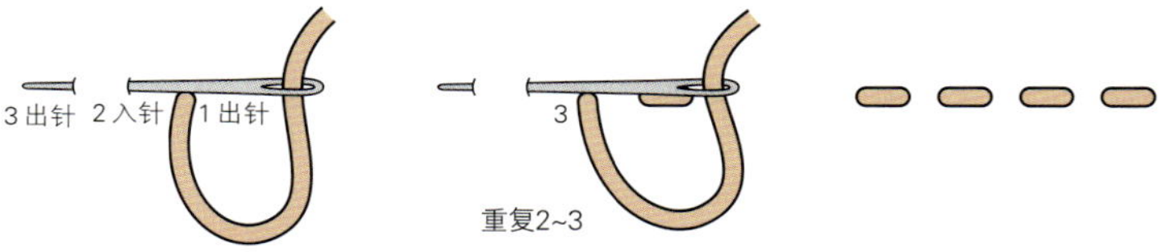

◆ 十字绣

将线呈×状交叉进行刺绣的方法。按照/、\的顺序刺绣的话成品会更美观。

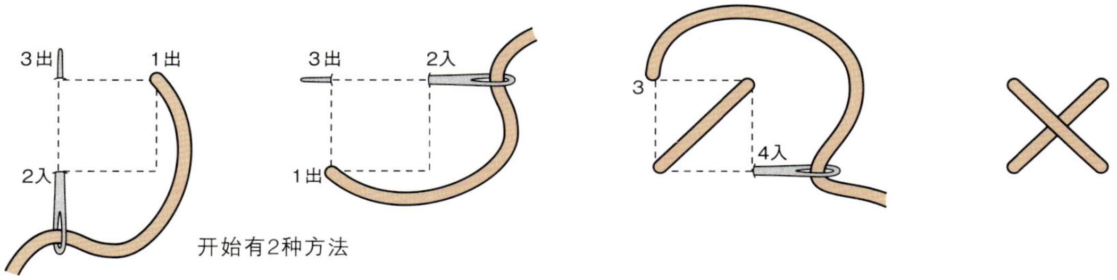

横向往返完成十字绣的方法

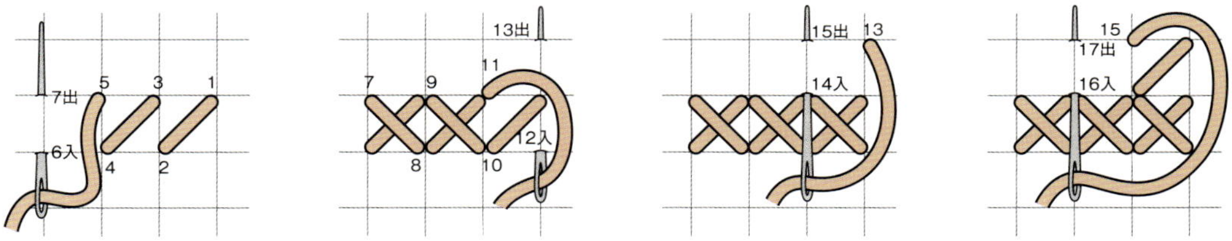

◆ 刺绣小徽章的制作方法

如P24数码相机包一样，在另外一块布料上进行刺绣，制作小徽章。

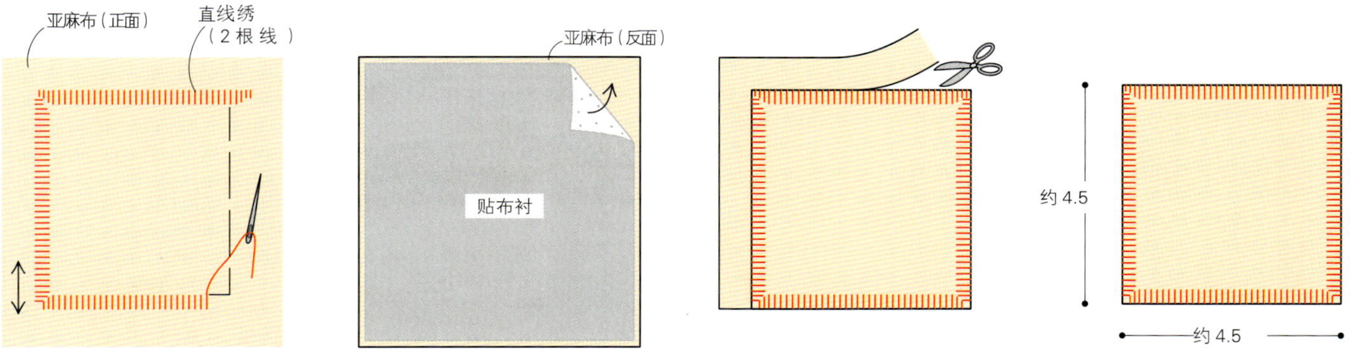

1. 开始刺绣。

2. 贴布衬。

3. 在针迹处把四周的多余部分剪掉。

成品图

纸型的应用

◆ 纸型的修正方法

当想要使用的口金与指定使用口金的尺寸有细微差距时，可以对纸型进行修改。

※如果使用的口金与指定款的尺寸差距较大，还需要对口金包的设计进行变更，所以修正要在1cm之内进行。

无论是哪一种情况，一定要将修正后的纸型与口金匹配测试，确认口金的长度是否与纸型的袋口长度相吻合。

修正宽度

（口金的宽度比指定款大0.3cm的情况）

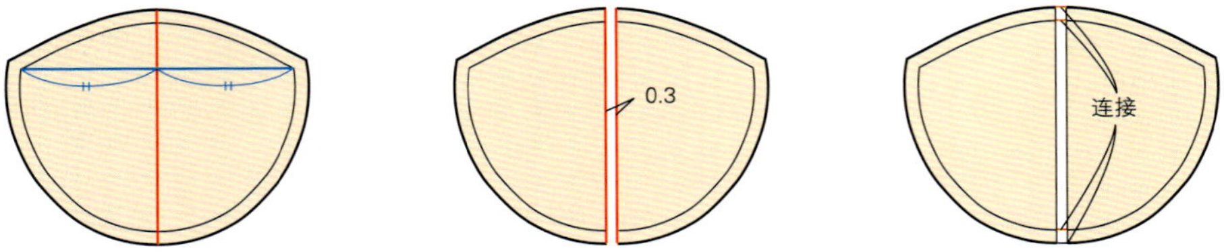

1. 在纸型的中心位置画线标记。
2. 从中间把纸型剪开，然后将左、右两侧留出0.3cm的间距。
3. 用线把剪开后的纸型缝在一起。

修正高度

（口金的高度比指定款高出1cm的情况）

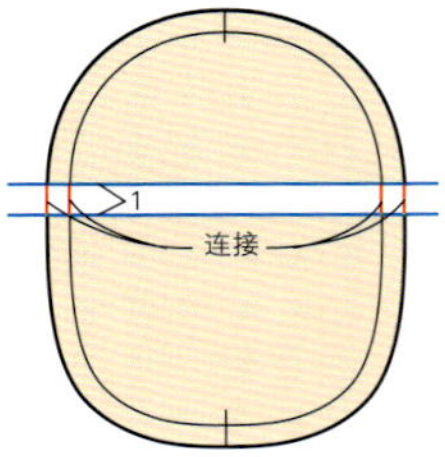

（半圆形口金/水平形状）

侧边是垂直边的口金时（3.手机包和7.迷你小口金唇膏包等），在靠近铆钉位置处横向做一条线，然后将上下部分剪开隔出1cm的间距，最后再用线将上下连在一起。

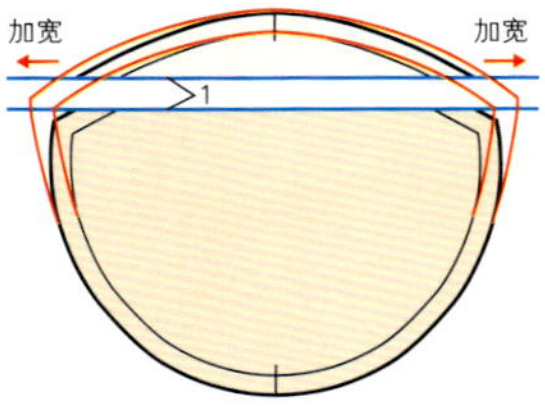

（半圆形口金/侧边突起形状）

侧边是突出的饱满型口金时（1.基本款扁口口金包等），只调整高度是无法完全满足口金的长度需要的。横向做一条线，将上下隔开1cm之后，还需要结合口金的长度加宽纸型的宽度，然后再用线缝在一起。

◆ 原创纸型的制作方法

让我们来根据口金自己制作纸型吧。因为口金侧边的画法是比较重要的点，所以让我们一边开始试做，一边再尝试挑战各种形状吧！

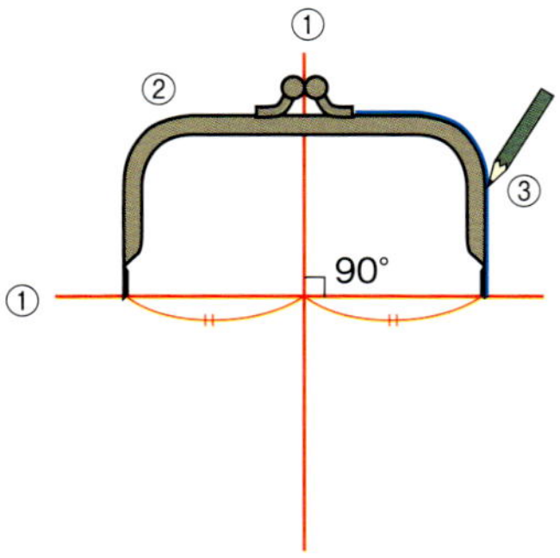

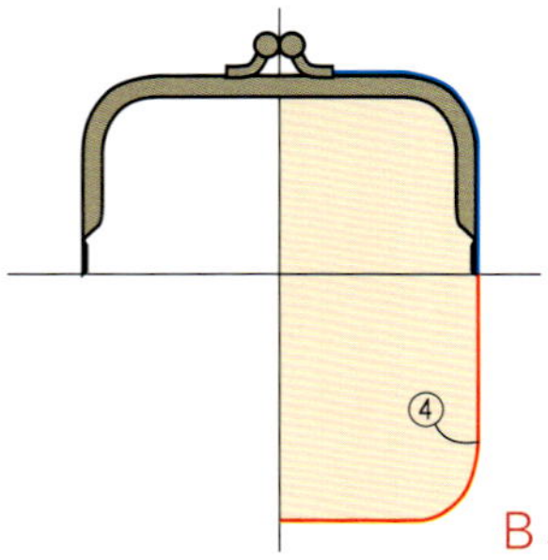

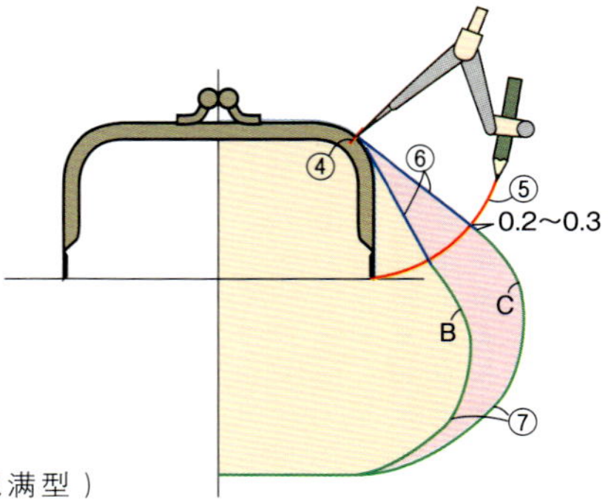

①画出十字垂直线。
②口金的中心放在纵线上，铆钉的位置放在横线上。
③在口金的边画出标记线。

A（水平形状）

④如果是侧边没有突出的情况，可以直接沿着口金的外侧边缘线把纸型的线向下画，至于决定包深的底线可以按照自己的喜好画。

B、C（饱满型）

④如图选一点为支点。
⑤使用圆规，将针放在支点处，从画横线的位置开始做弧线。
⑥按照自己喜欢的角度做线。B是按照30° 角度，C是按照45° 角度画出的线。角度越大成品包身越饱满，最后侧边位置就会变成侧边布。
⑦按照自己喜欢的形状，画出下面的侧边线。侧边有0.2~0.3cm的误差也没有问题。最后画出完成线。
※使用半圆形口金时，因为没有角，可以任意从确定的支点处画出与方形口金相同的角度，但是因为金属配件都有一定的弯曲，所以也需要对长度进行些许调整。

A

B

C

how to make

在开始制作口金包前

参考P46纸型的使用方法，
誊写实物大小纸型后进行使用。

本书中附赠的实物大小纸型包括缝份，
所以不需要再另外添加缝份。

有些只画直线就能完成创作的包包，
没有附实物大小纸型。

制作方法中如果没有特定说明，单位都是厘米（cm）。

使用布料的尺寸是按照宽×长的顺序进行标记的。
使用印花系列布料时，
布料的尺寸标记方法也有不同的情况，请注意哦！

口金是按照宽×高的格式进行标记的。
口金与纸绳没有成套配置的情况下，需要另外准备。

2. *photo P05* 拼缝扁口口金包

完成尺寸：宽约10.5cm，高约9cm（不含口金扣头）

使用材料：亚麻布（天蓝色）15cm×15cm，棉布（水珠花纹）15cm×15cm，亚麻布（原色）30cm×12cm，带胶铺棉30cm×10cm，花边主题图1片，25号刺绣线蓝色适量，口金7.8cm×4.5cm

实物大小纸型A面：[2]-1表布A、[2]-2表布B、[2]-3内袋布

裁剪方法图和尺寸：

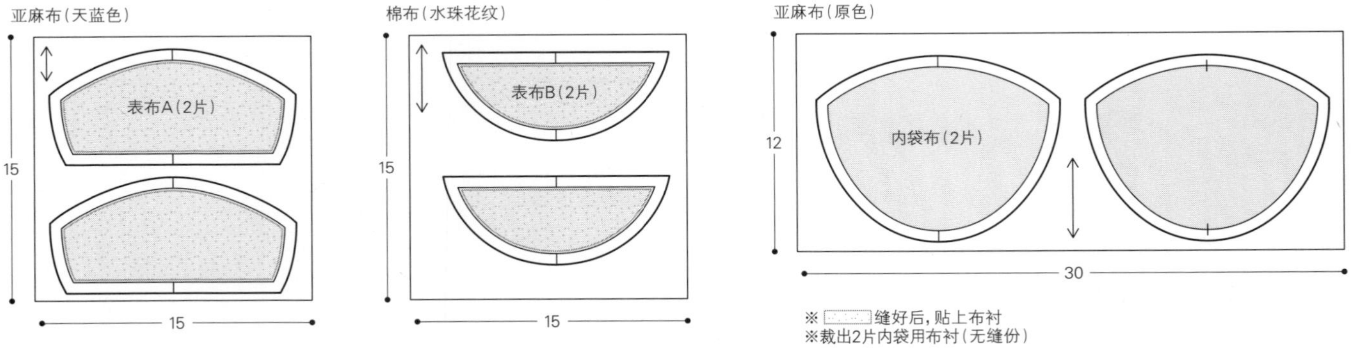

※ [图示] 缝好后，贴上布衬
※裁出2片内袋用布衬（无缝份）

1. 表布A、B的缝合

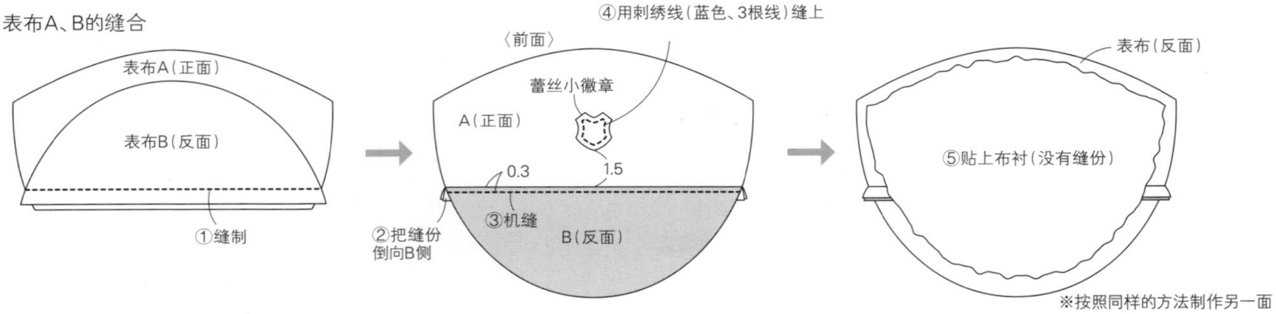

※按照同样的方法制作另一面

2. 把表布和内袋布分别正面和正面相对对齐缝制　3. 将包身和内袋对齐缝制袋口

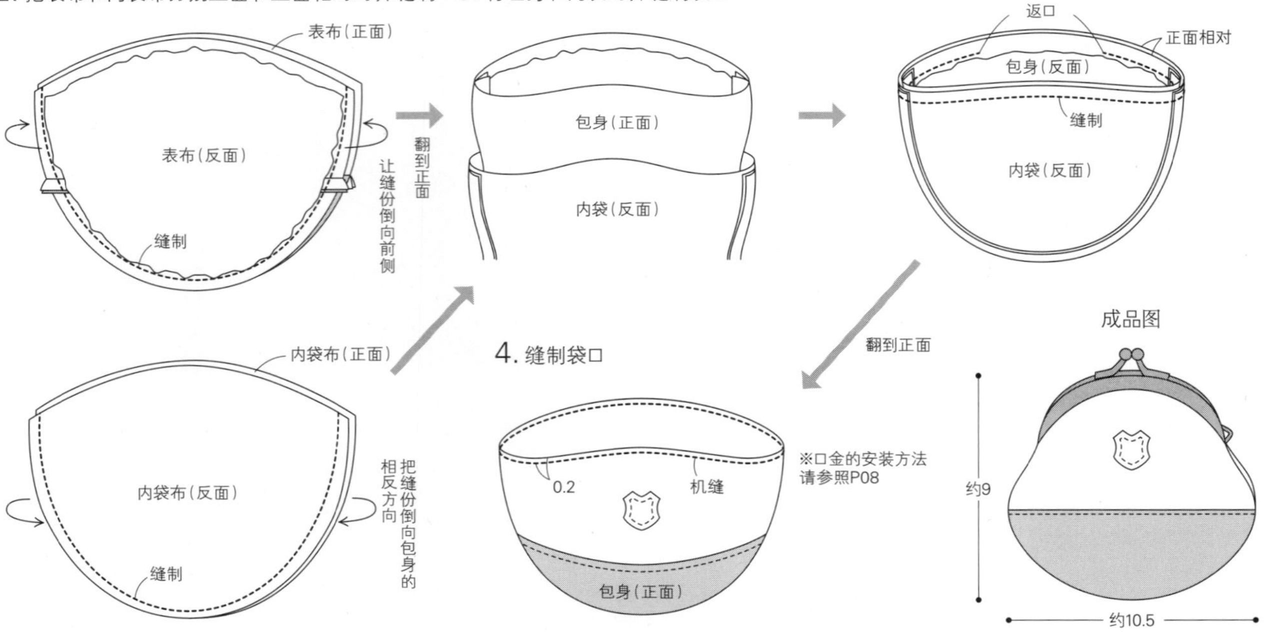

3. photo P10 手机包

成品尺寸：宽约10cm，高约16cm，拼接处约2cm（不含口金扣头）

使用材料：11号帆布30cm×15cm，亚麻布（粉色）30cm×10cm，棉线30cm×20cm，带胶铺棉30cm×20cm，布衬30cm×25cm，金属吊链3cm，圆形听头、T形针各2个，小猫状吊坠、珍珠串珠、CZECH串珠各1个，字母布条1片，口金9.1cm×6cm

实物大小纸型A面：[3]-1表布A、[3]-2表布B、[3]-3内袋布

裁剪方法图和尺寸：

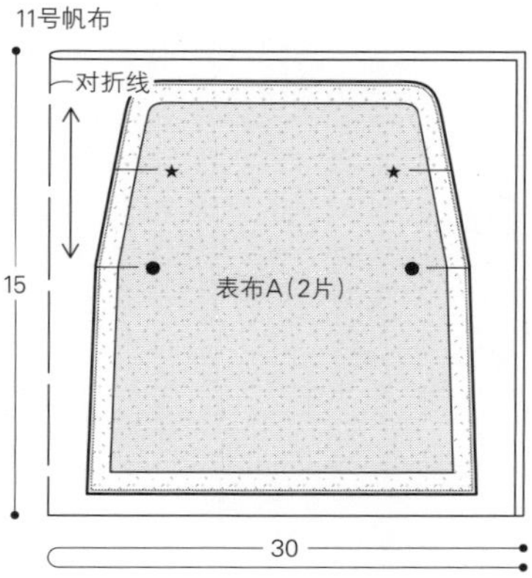

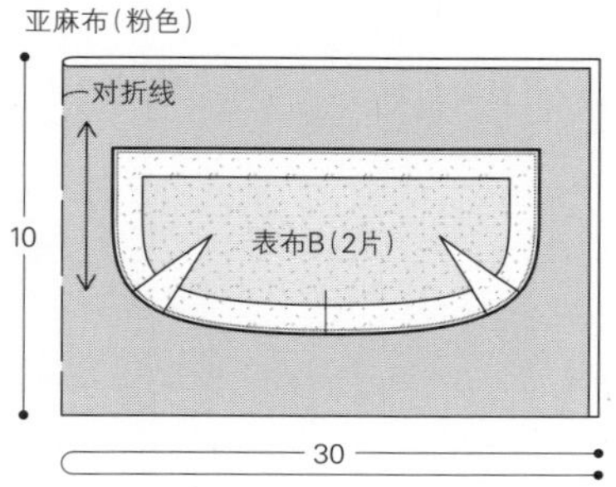

★…缝合止位　●…开口止位
※ 贴合布衬或者带胶铺棉
※表布A、B 全部都贴上布衬，然后剪出各个所需部分的形状
※内袋贴上带胶铺棉（不带缝份）

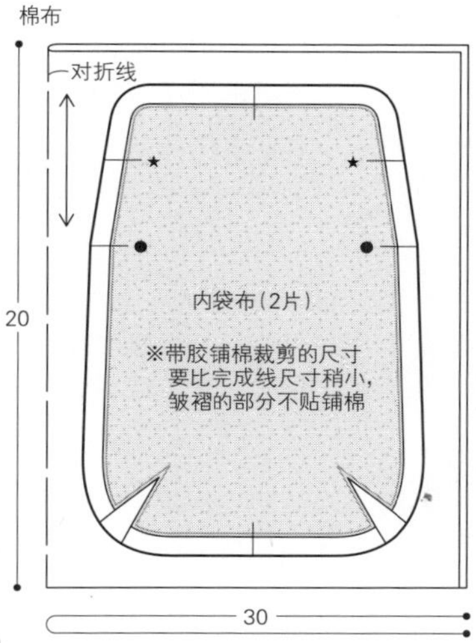

1. 制作包身

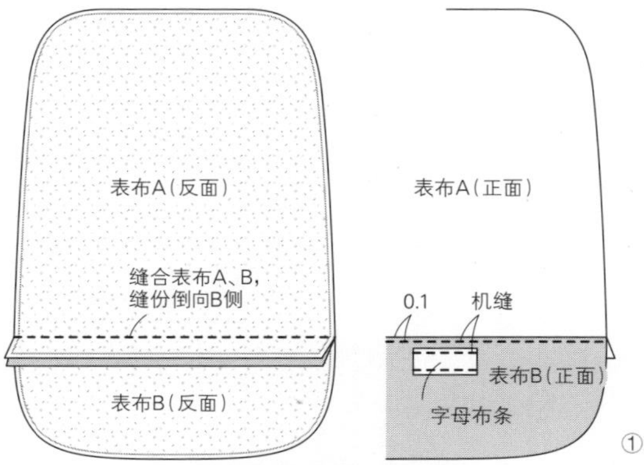

※按照同样的方法把另一侧也缝好
（不要使用字母布条）

2. 把包身2片对齐缝合

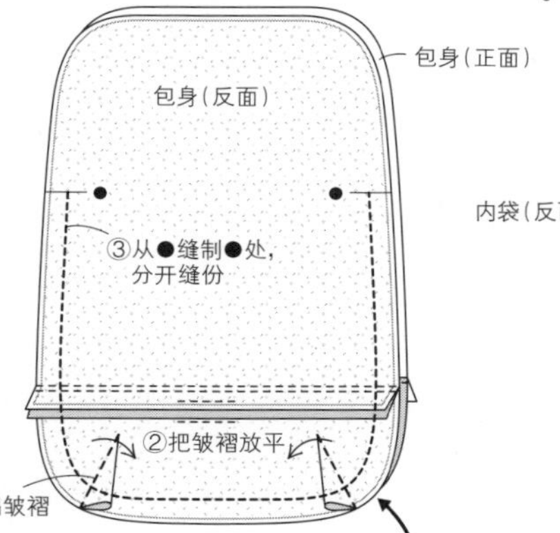

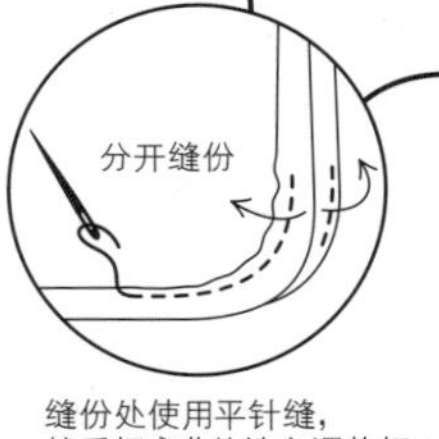

缝份处使用平针缝，
然后把弯曲的地方调整好。

3. 制作内袋

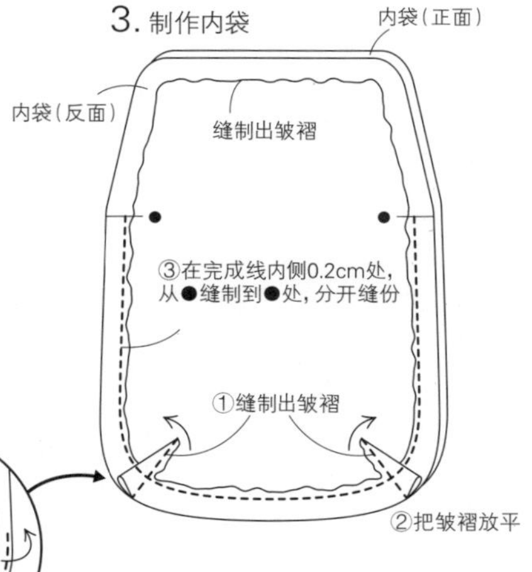

4. 把包身和内袋对齐缝合

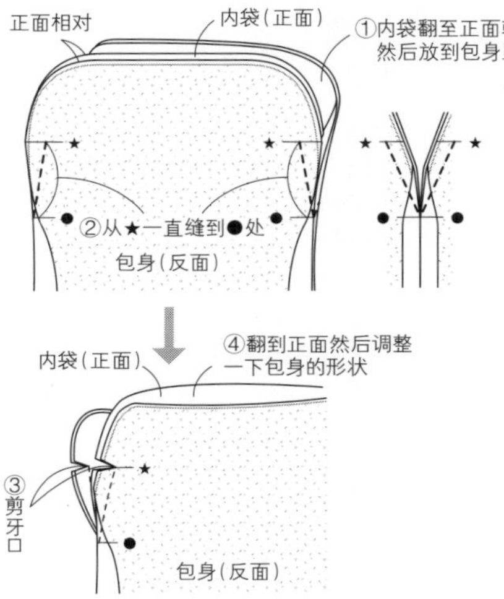

5. 缝合袋口

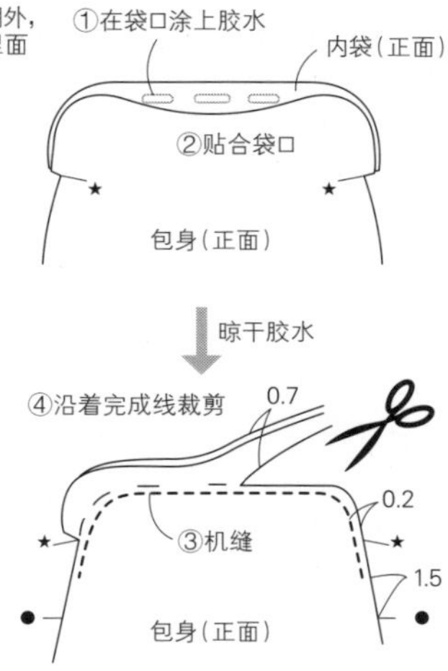

〈吊坠〉

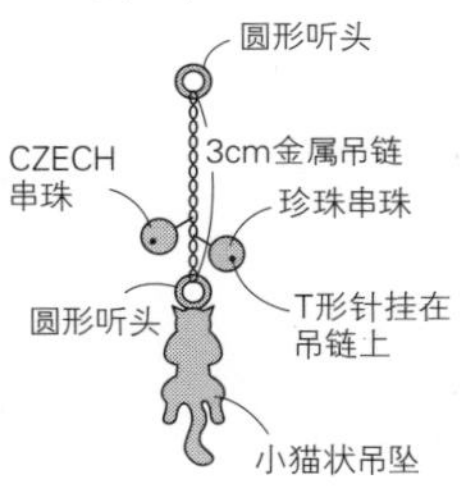

成品图

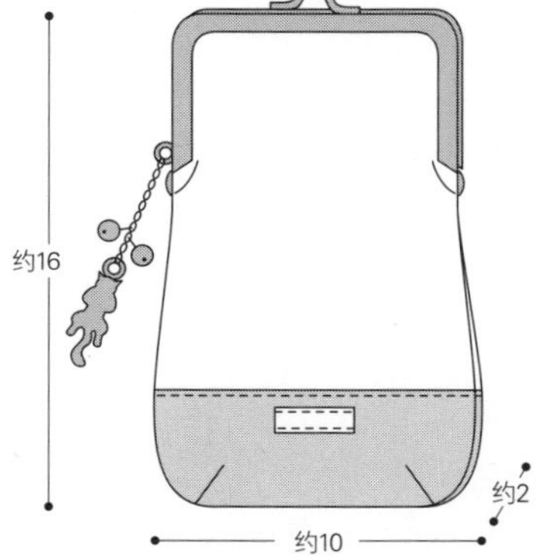

※口金的安装方法请参考P40

4. *photo P11* 印花布化妆包

成品尺寸：宽约21cm，高约14.5cm，拼接处约4cm（不含口金扣头）

使用材料：超薄棉布（淡灰色印花）65cm×20cm，亚麻布（黄绿色）65cm×20cm，布衬55cm×20cm，薄布衬（超薄棉布用）各65cm×20cm，带胶铺棉55cm×20cm，口金15.2cm×6cm

实物大小纸型A面：[4]–1表布、内袋布，[4]–2兜A，[4]–3兜B

裁剪方法图和尺寸：

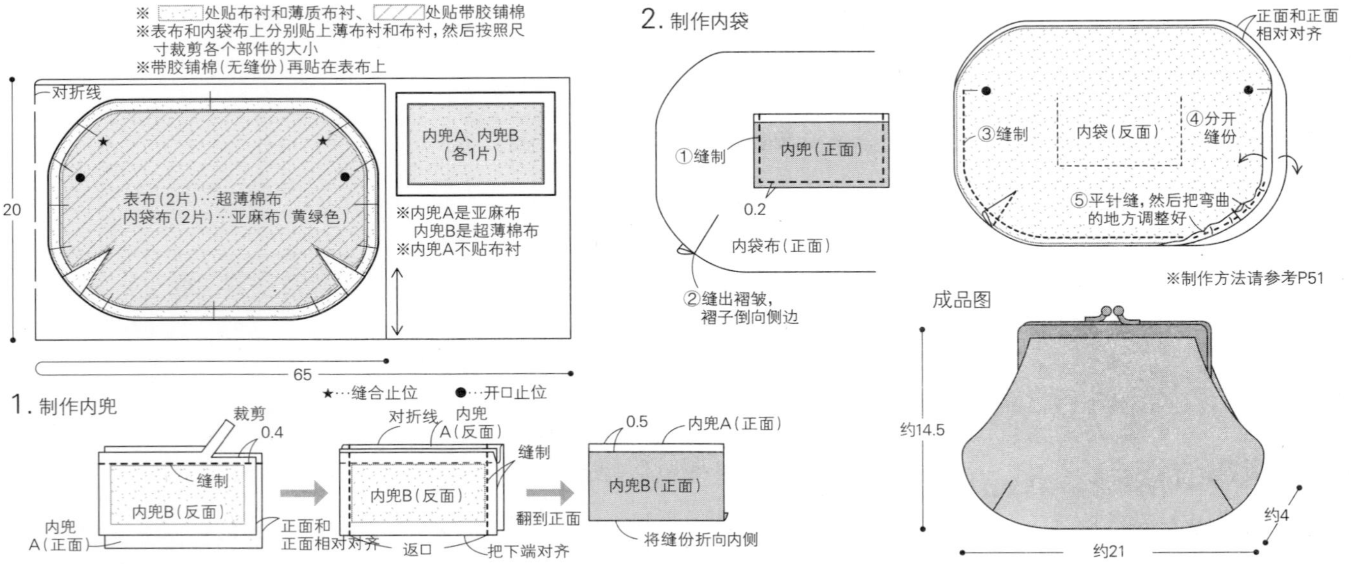

5. *photo P11* 带育克的化妆口金包

成品尺寸：宽约21cm，高约14.5cm，拼接处4cm（不含口金扣头）

使用材料：亚麻布（淡草绿色、黄色）各55cm×20cm，超薄棉布（淡灰色）30cm×15cm，布衬（表布、内袋布用）55cm×40cm，薄布衬、厚布衬（都作为装饰用布）各30cm×15cm，出芽装饰用滚边条（黄色亚麻布）27cm×2.5cm，10号风筝线54cm，口金15.2cm×6cm

实物大小纸型A面：[5]–1表布、内袋布，[5]–2装饰用布

裁剪方法图和尺寸：

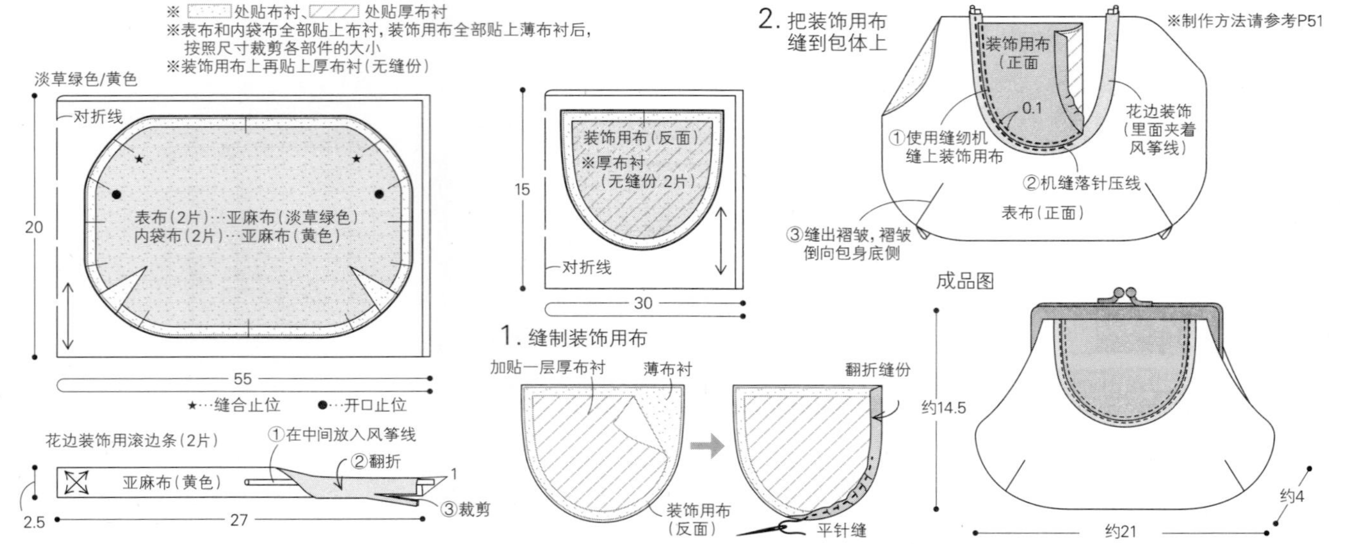

6. *photo P12* 卡包

成品尺寸：宽10.5cm，高7cm，拼接处1cm（不含口金扣头）

使用材料：印花棉布15cm×20cm，素色棉布15cm×20cm，布衬15cm×20cm，口金10.4cm×5.5cm（圆角）

实物大小纸型A面：[6]表布、内袋布

裁剪方法图和尺寸：

※▭处贴上布衬
※包身的表布全部贴上布衬，然后按照尺寸裁剪

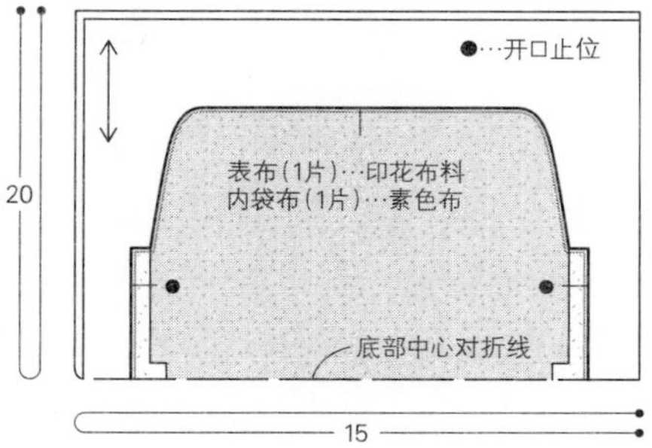

1. 表布反面和反面相对对齐缝合

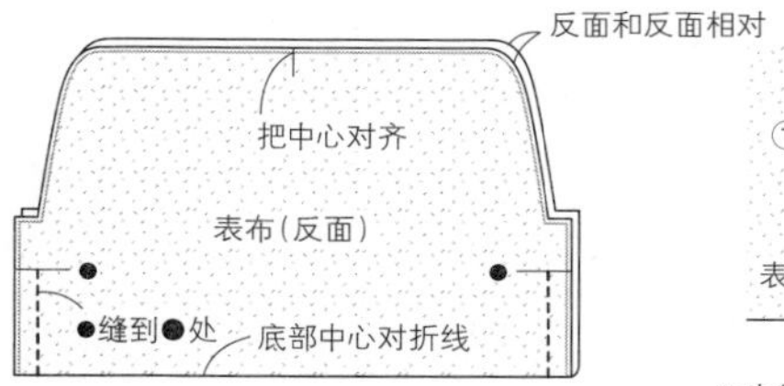

2. 缝制拼接处

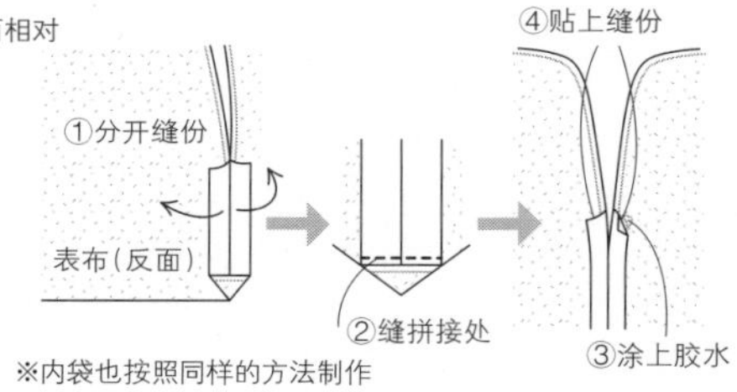

3. 把内袋放入包身中

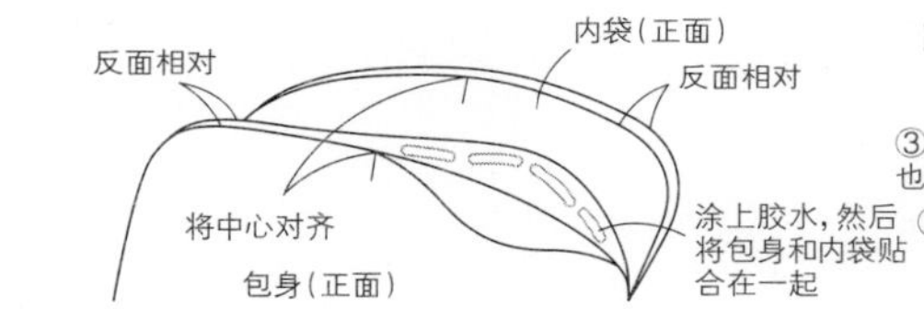

4. 安装口金

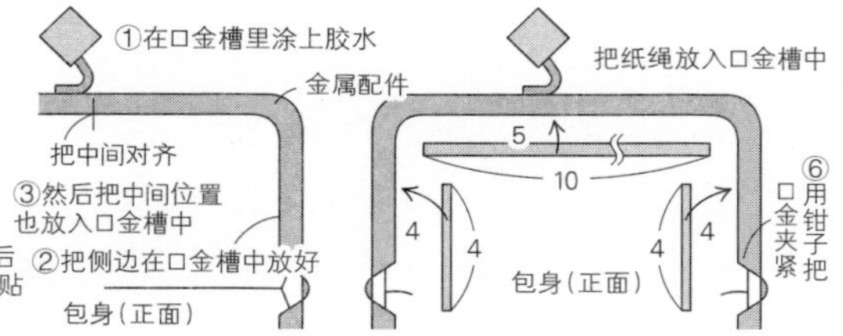

成品图

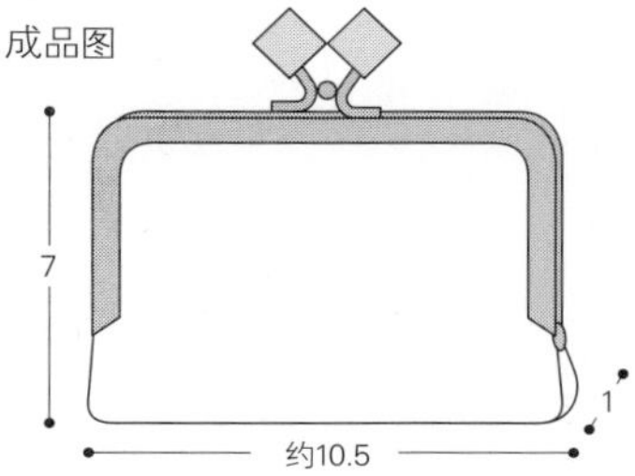

7. *photo P12* 迷你口金唇膏包

成品尺寸：宽3.5cm，高约9.5cm，拼接处约1cm（不含口金扣头）

使用材料：水珠花纹棉布、条纹布各15cm×25cm，布衬15cm×25cm，宽0.3cm的沙林丝带8cm，蝴蝶形状装饰亮片1片，串珠2颗，圆形听头1片，圆形挂链1根，口金3.8cm×3.5cm

实物大小纸型A面：[7]表布、内袋布

裁剪方法图和尺寸：

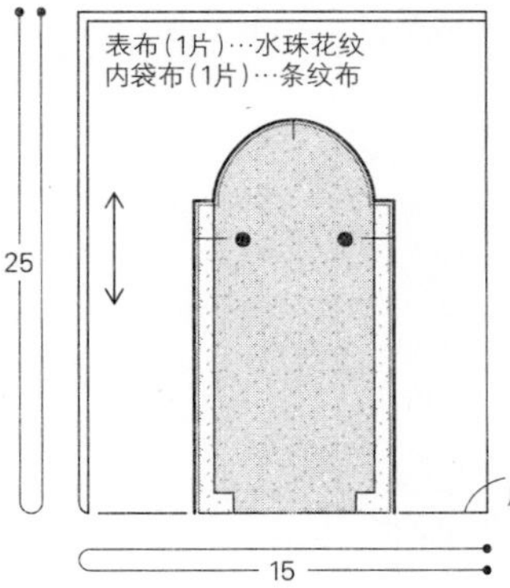

※▭处贴上布衬
※包身表布全部贴上布衬，然后按照尺寸大小裁剪
●…开口止位

1. 把表布正面和正面相对对齐缝合

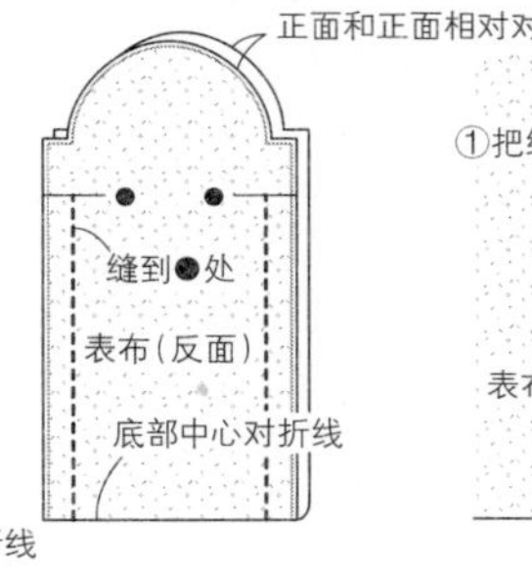

2. 缝制拼接处

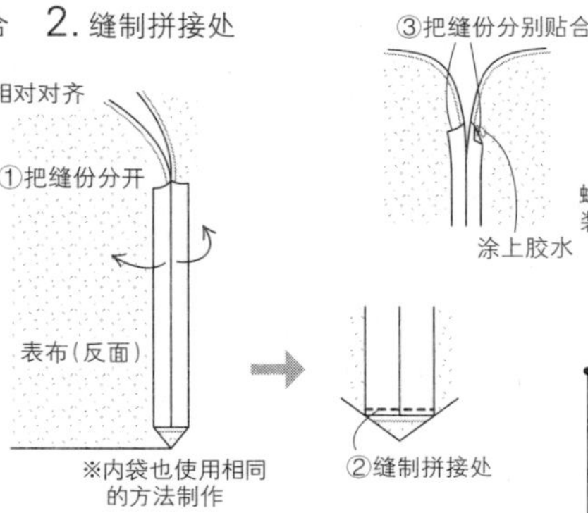

〈制作小挂件〉

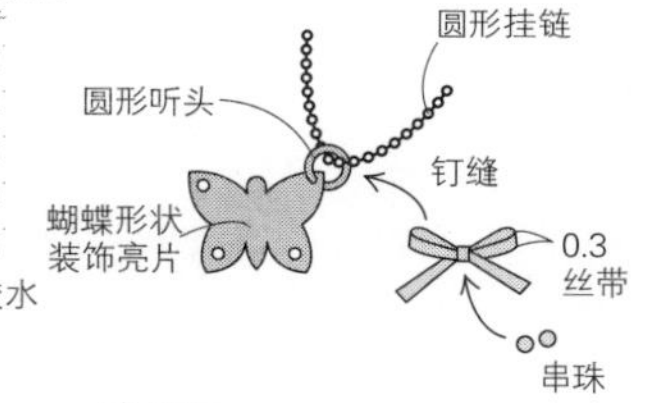

成品图

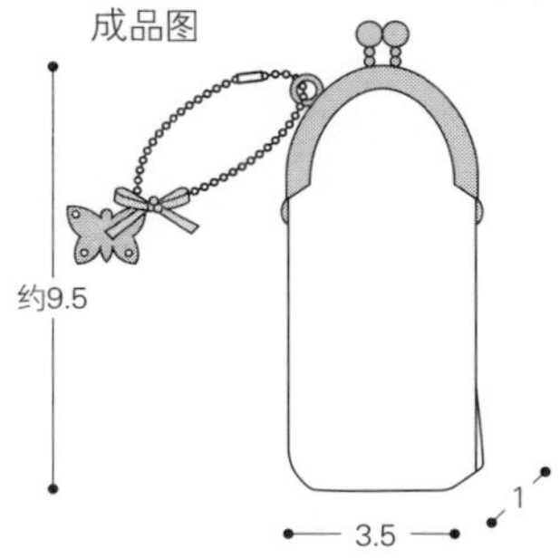

3. 内袋放入包身中

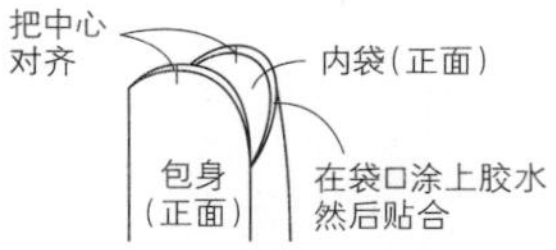

4. 安装口金

口金安装方法请参考作品6 卡包的方法

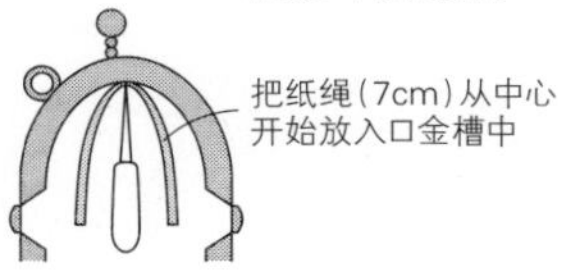

8. *photo P13* 帆布笔袋

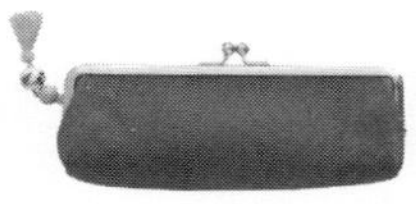

成品尺寸：宽约16.5cm，高约5cm，拼接处约4cm（不含口金扣头）

使用材料：11号帆布（珊瑚红色）25cm×20cm，印花棉布25cm×20cm，布衬25cm×20cm，串珠（直径1cm、1.2cm）各1个，圆形听头、9形针各2个，25号刺绣线黄色适量，口金16.5cm×3.5cm

实物大小纸型A面：[8]表布、内袋布

裁剪方法图和尺寸：

※[ ]处贴上布衬

※包身表布全部贴上布衬，然后按照尺寸裁剪各部件

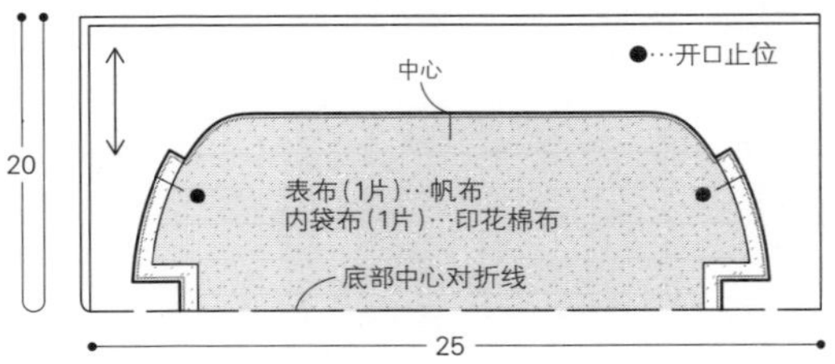

1. 表布正面和正面相对对齐后缝合

2. 缝制拼接处

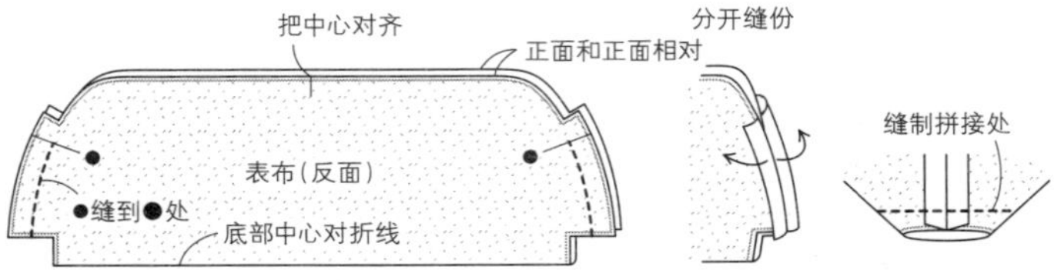

※内袋使用相同的制作方法

3. 把缝份贴合

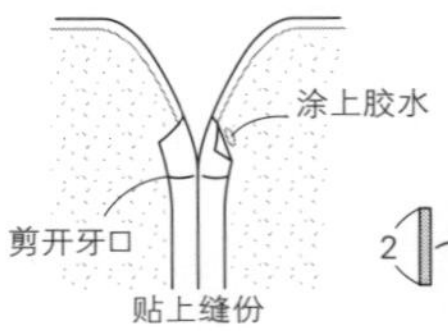

4. 将包身和内袋对齐

5. 安装口金

※请参考P53卡包的制作方法

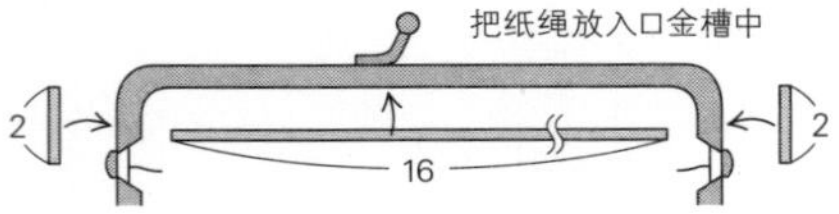

流苏的制作方法

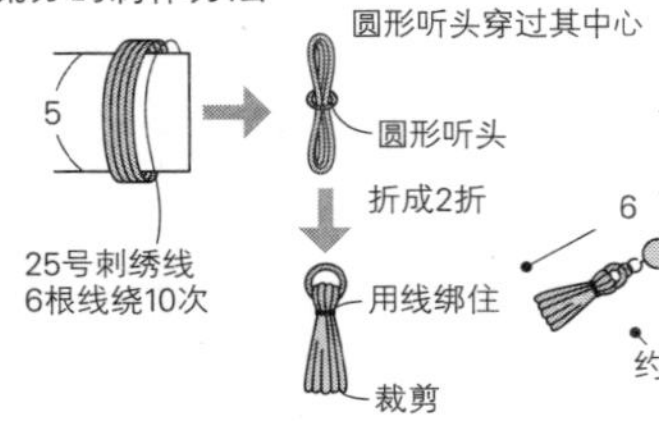

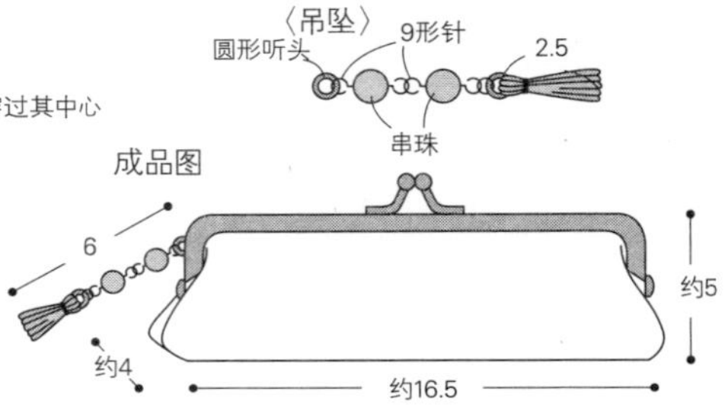

9. *photo P13* 北欧风情眼镜盒

成品尺寸：宽17.5cm，高8cm，拼接处1.5cm（不含口金扣头）

使用材料：印花室内装饰织物25cm×20cm，棉布（水珠花纹系列）25cm×20cm，棉布（方格花纹）3cm×3cm，带胶铺棉25cm×20cm，口金17.6cm×5.4cm

实物大小纸型A面：[9]-1表布、[9]-2内袋布

裁剪方法图和尺寸：

花样室内装饰织物

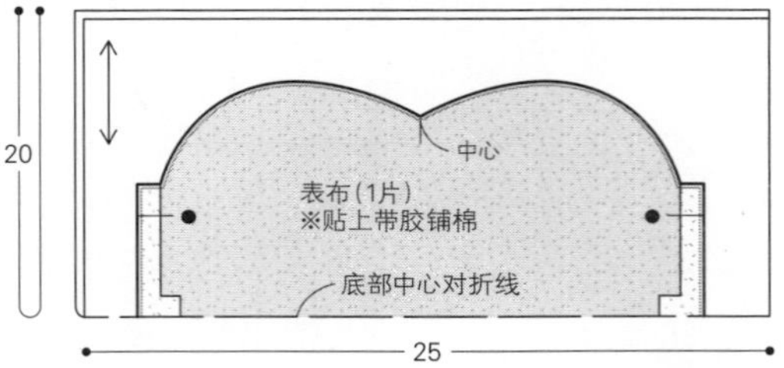

棉布(水珠花纹系列)

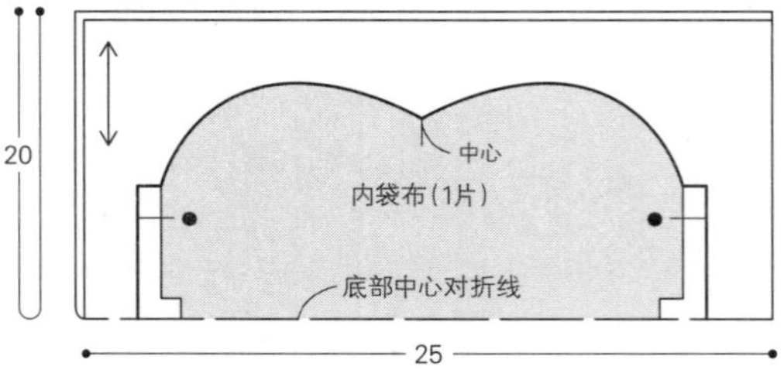

垫布(1片)

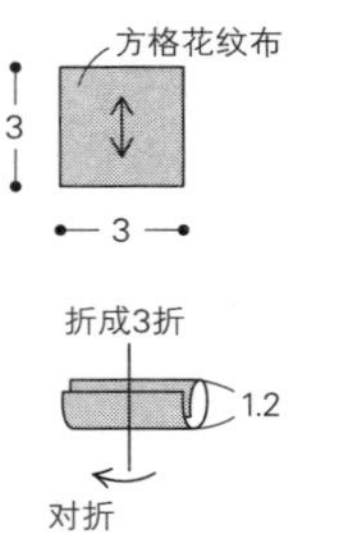

●…开口止位

※制作方法参照P53卡包的制作方法

※[ ]处贴上带胶铺棉

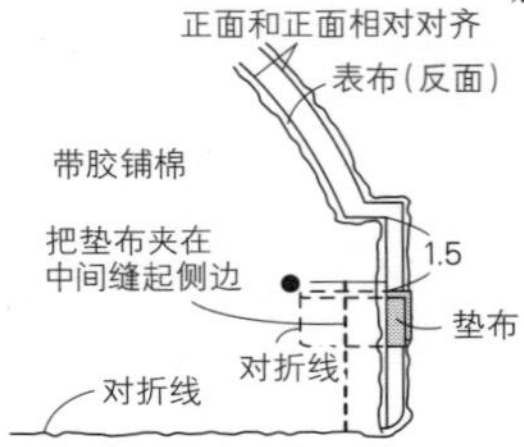

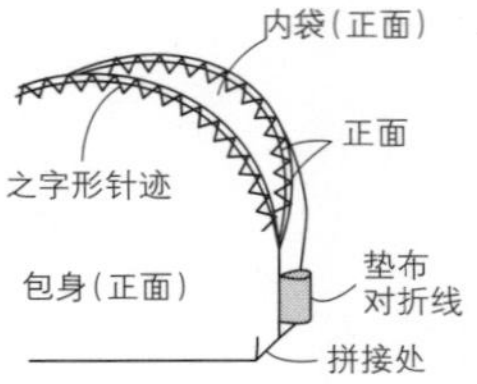

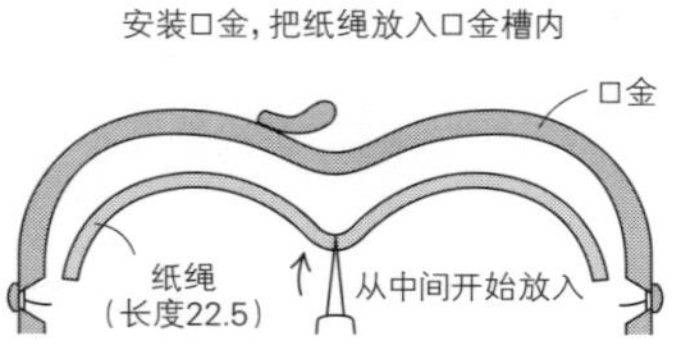

成品图

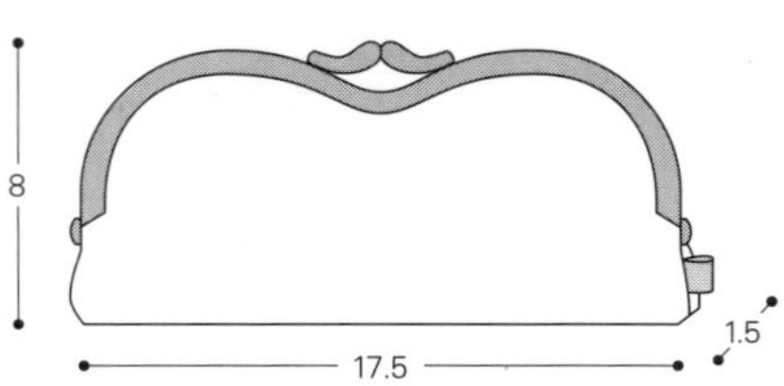

10. *photo P14* 百褶小化妆包

成品尺寸：宽约13.5cm，高约14cm（不含口金扣头）

使用材料：棉布（印染色系列、素色）各40cm×20cm，布衬40cm×20cm，口金10cm×4.9cm（翡翠色）

实物大小纸型A面：[10]-1表布、内袋布

裁剪方法图和尺寸：

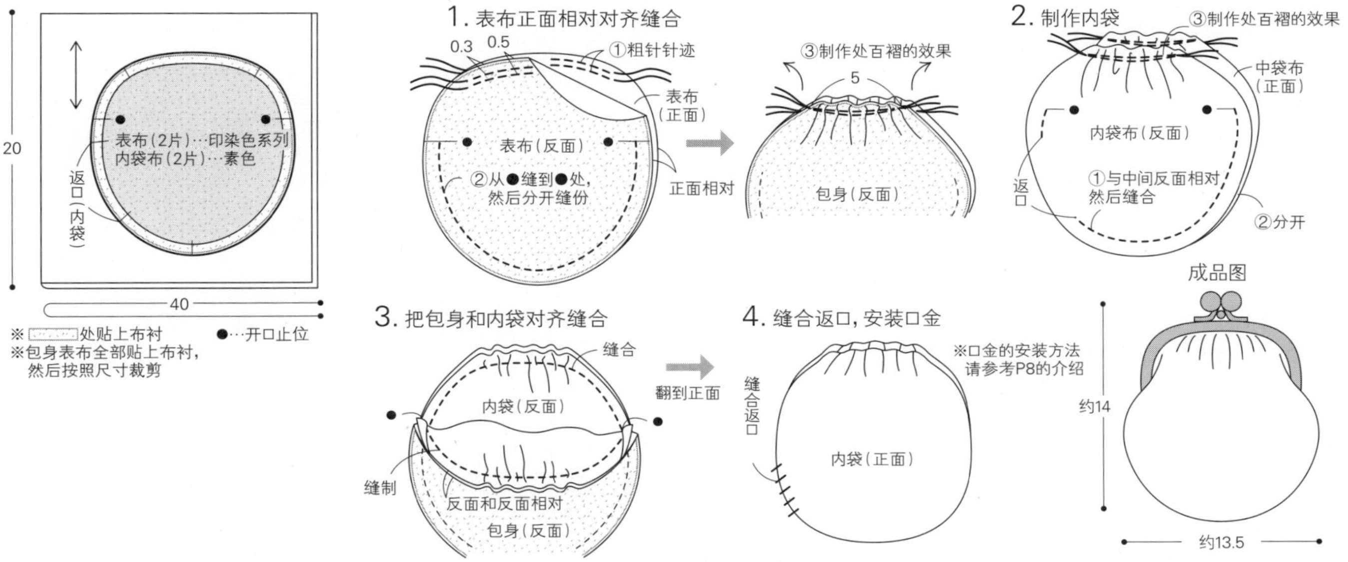

11. *photo P14* 双色PU化妆包

成品尺寸：宽约13.5cm，高约14cm（不含口金扣头）

使用材料：合成皮（灰米色、黄色）各20cm×20cm，棉布（素色）20cm×40cm，奥林巴斯25号刺绣线105适量，口金10cm×4.9cm（印花玫瑰红色）

实物大小纸型A面：[11]-1表布A、[11]-2表布B、[11]-3内袋布

裁剪方法图和尺寸：

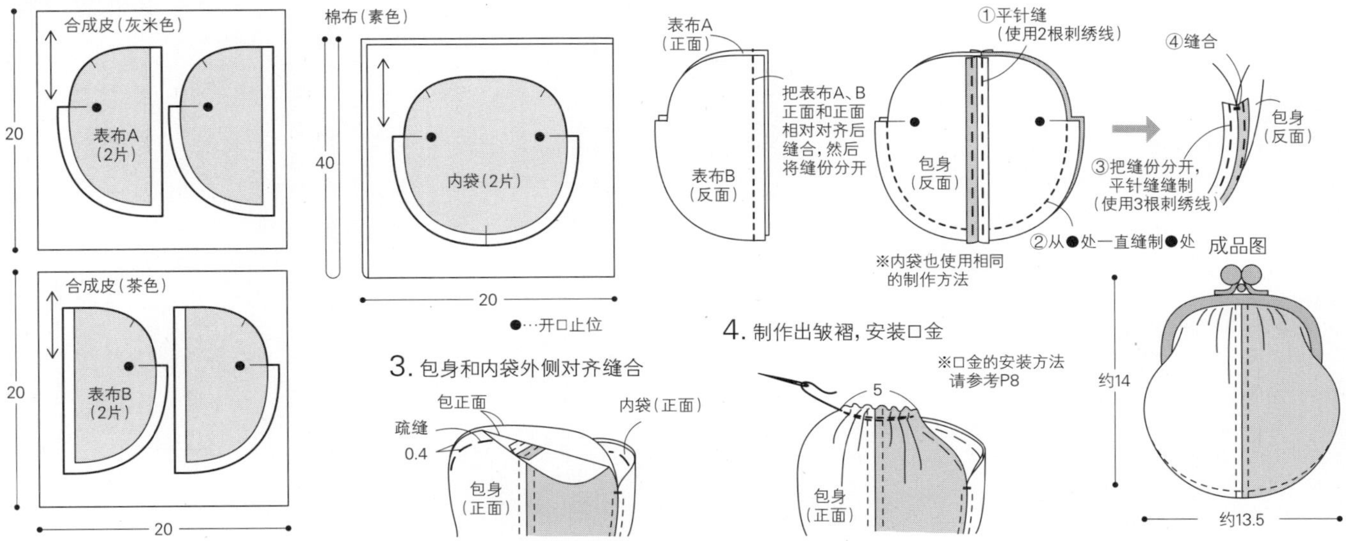

12. *photo P15* 拼接百褶小包

成品尺寸图： 宽约10cm，高约8.5cm（不含口金扣头）
使用材料： 和风软毛织布15cm×15cm，双层纱布（水珠花纹）20cm×20cm，棉布（方格花纹）20cm×40cm，布衬15cm×15cm，口金8cm×4.5cm
实物大小纸型A面： [12]-1表布A、内袋布A，[12]-2表布B、内袋B

裁剪方法图和尺寸：

※ ▭ 处贴上布衬
※包身表布A全部都贴上布衬，然后进行此裁剪

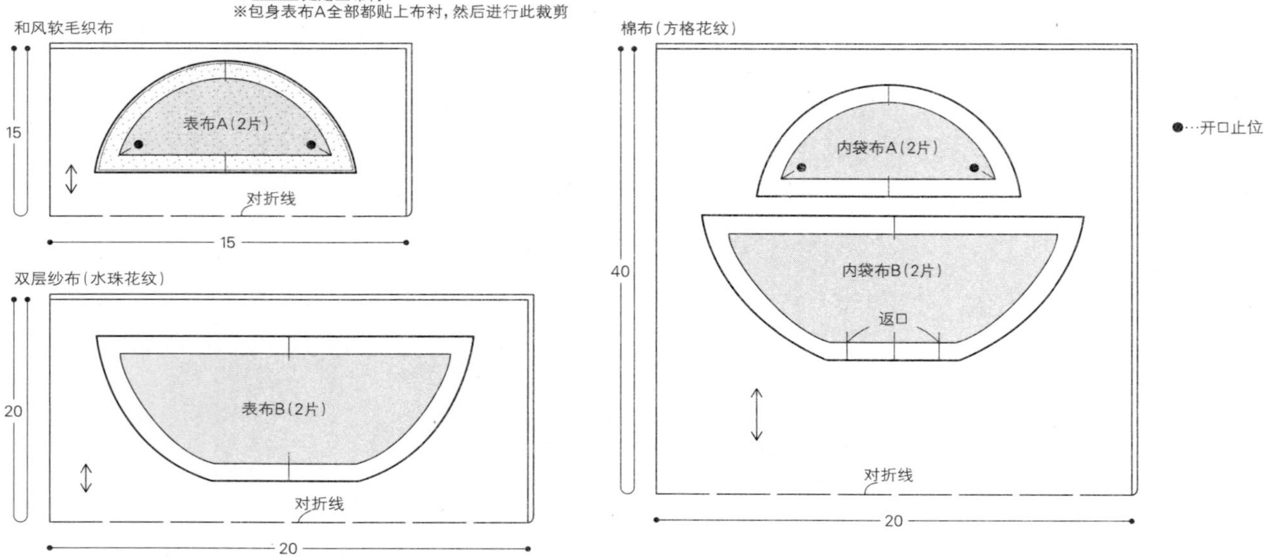

1. 制作包身

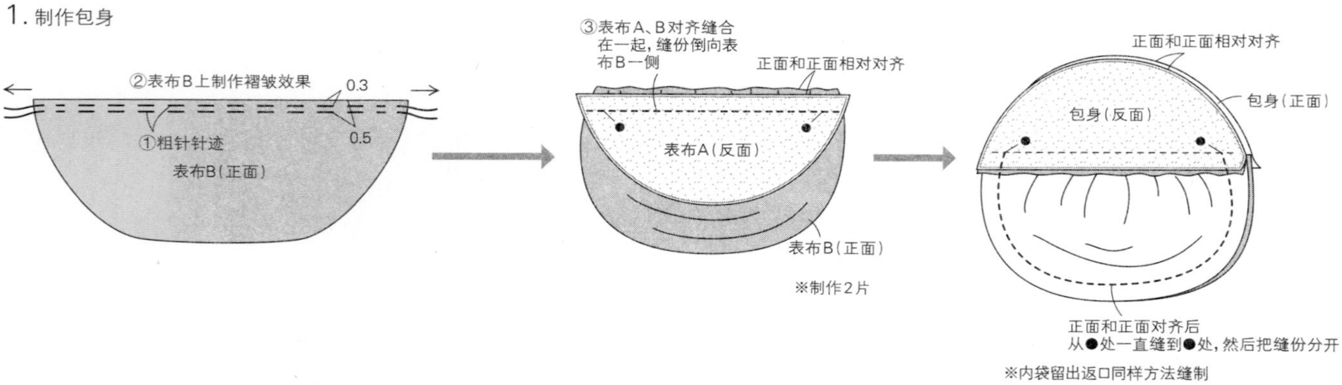

2. 包身和内袋对齐缝合

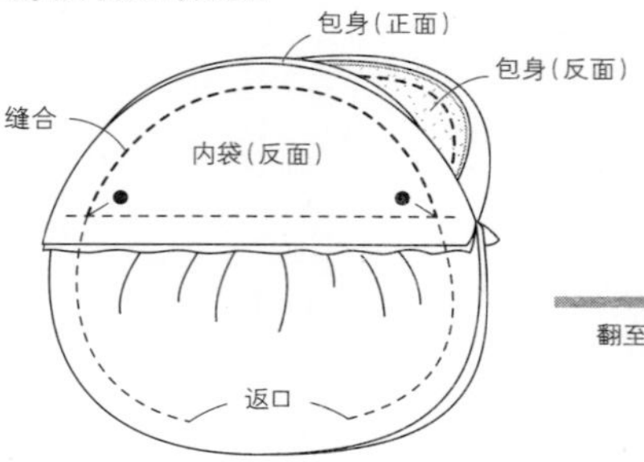

3. 缝合返口，然后把包整体翻至正面后安装口金

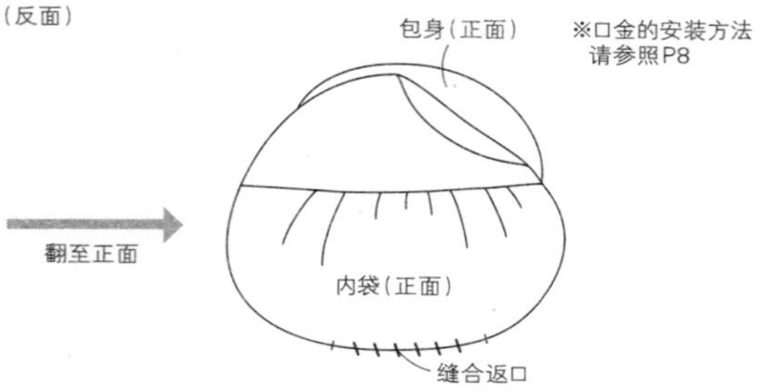

成品图

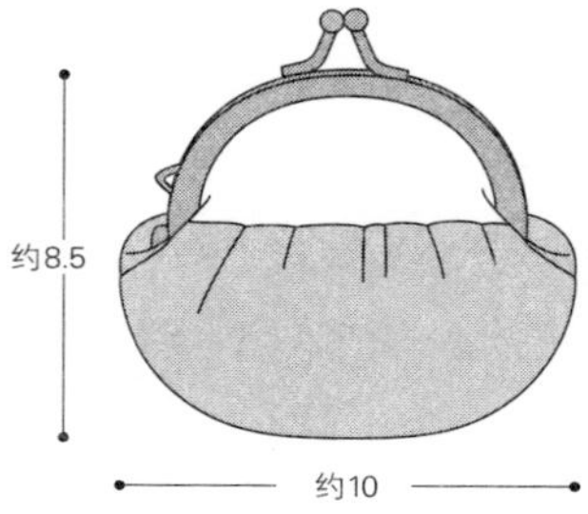

13. *photo P16* 时尚聚会风手包

成品尺寸：宽25cm，高约17.5cm（不含口金扣头）

使用材料：棉布（横条纹）30cm×20cm，缎子40cm×30cm，棉布（白色）60cm×40cm，棉布（白色）、厚布衬各60cm×30cm，宽3.5cm的丝带30cm，带茄形听头的吊链1根，口金16cm×7.8cm

实物大小纸型A面：[13]-1表布A、底布A、内袋布A，[13]-2底布B、内袋布B，[13]-3内兜

裁剪方法图和尺寸：

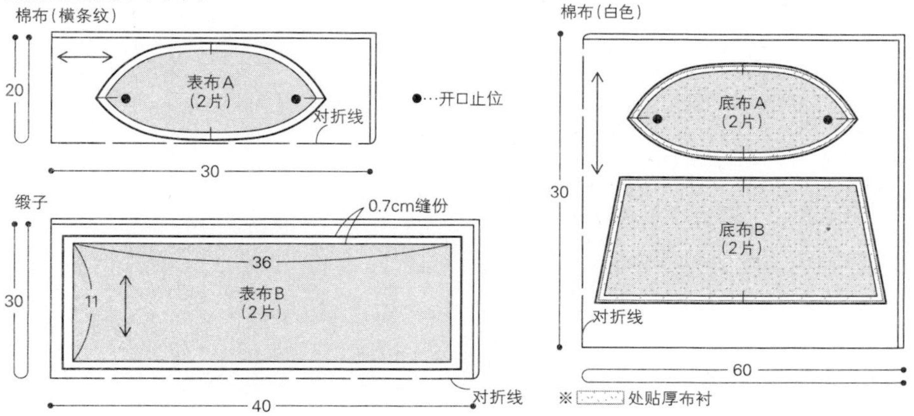

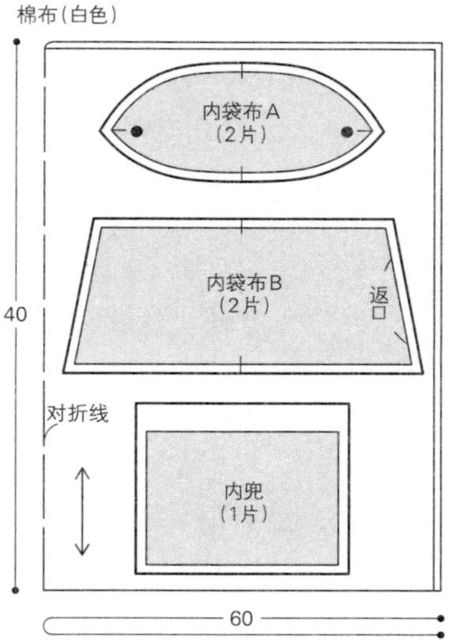

1. 底布A和表布A叠在一起缝合

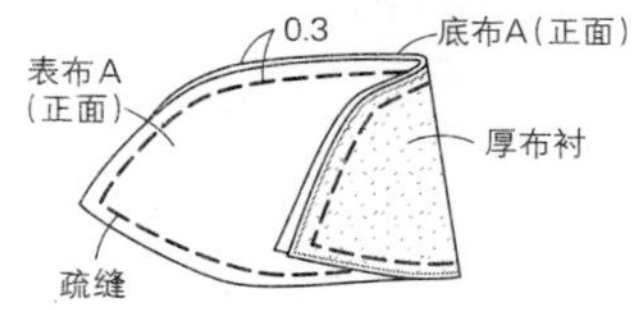

2. 2片底布B相对正面对齐后缝合

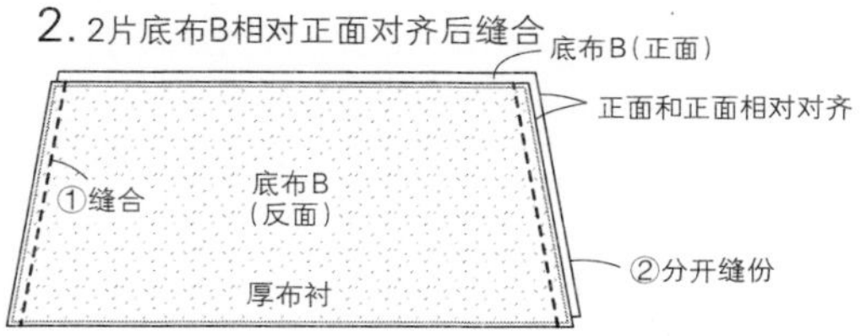

3. 底布B和表布B叠在一起缝合

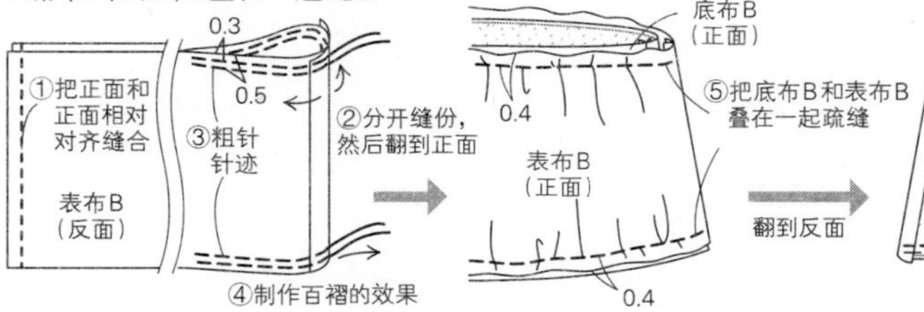

4. 缝制底部

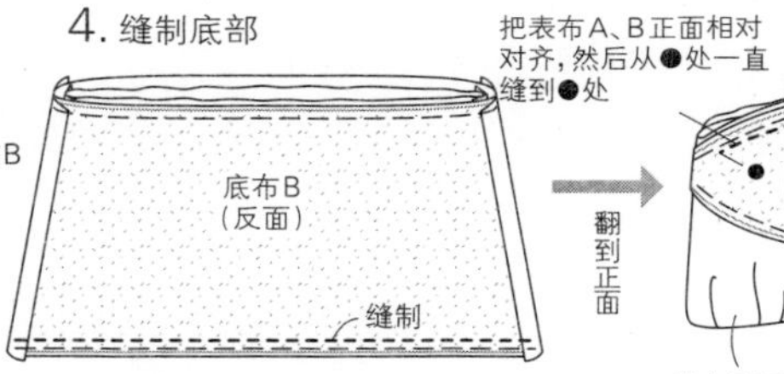

5. 制作包身

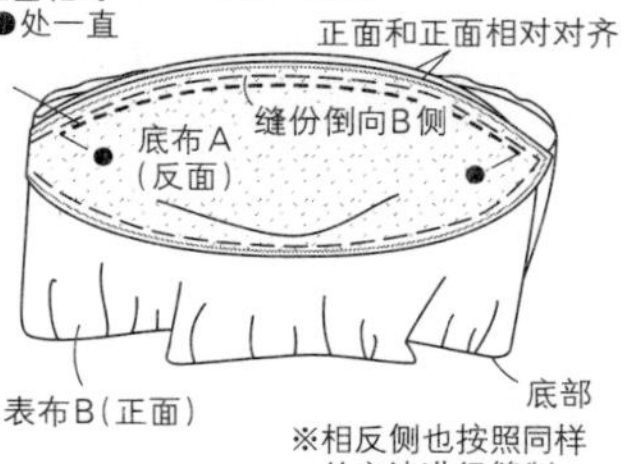

※相反侧也按照同样的方法进行缝制

6. 制作内袋

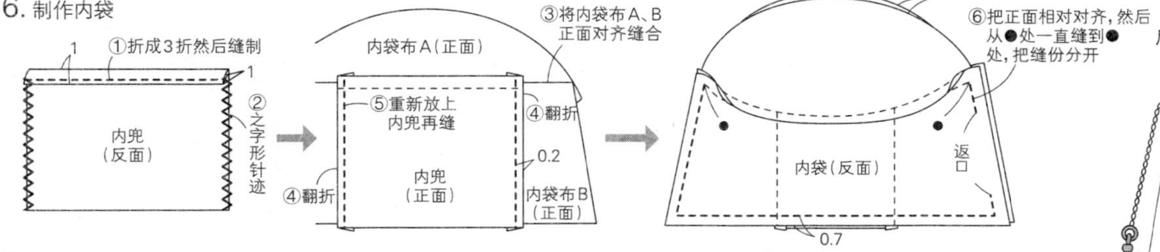

成品图

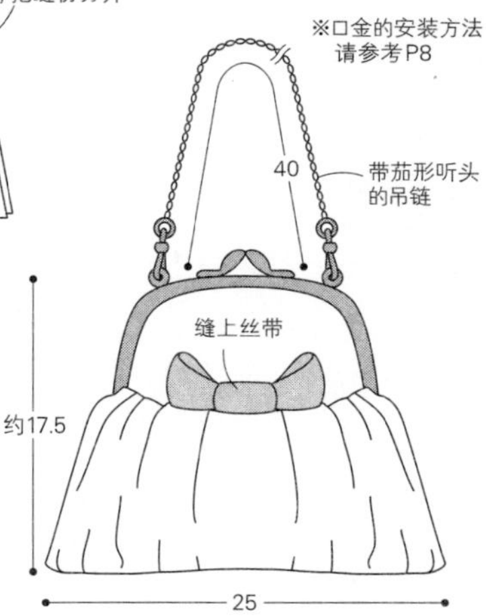

7. 缝合包身和内袋

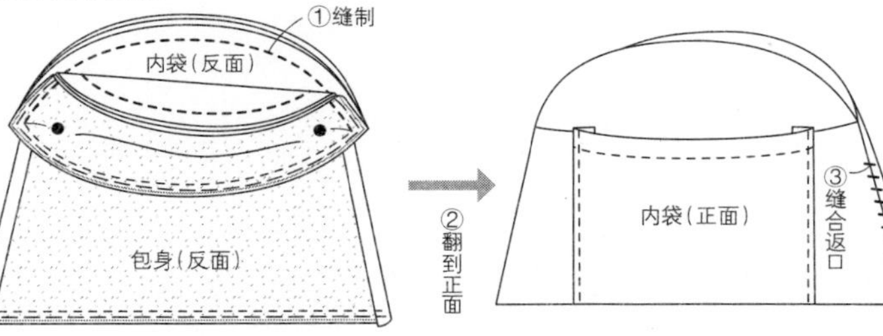

8. 完成效果

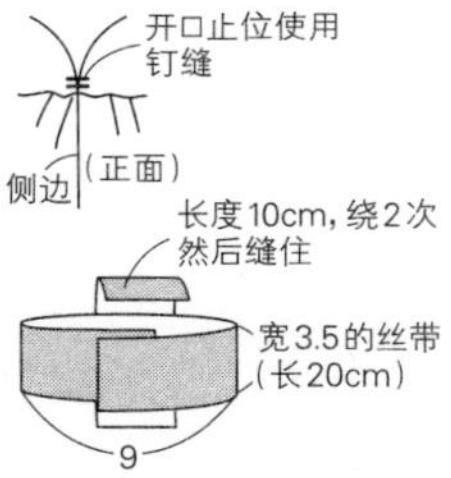

14. photo P17 配有饰物的化妆包

成品尺寸：宽13cm，高约8cm，拼接处8cm（不含口金扣头）

使用材料：亚麻布（条纹系列）24cm×16cm，棉布（印花系列）28cm×16cm，棉布（水珠花纹）50cm×16cm，布衬50cm×16cm，吊坠1个，口金12.2cm×6.1cm（印花玫瑰红色）

实物大小纸型A面：[14]-1表布前后面、内袋布前后面，[14]-2表布侧面、内袋布侧面

裁剪方法图和尺寸：

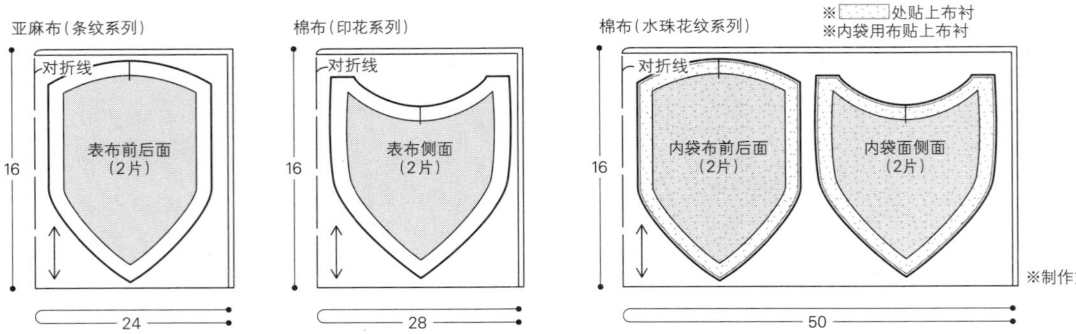

〈缝份的倒向方法〉

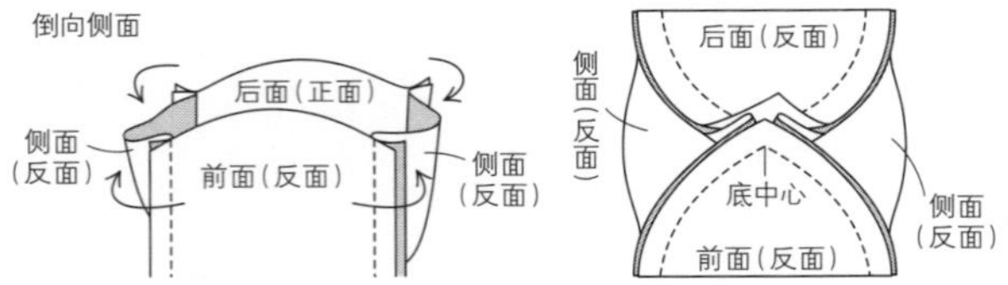

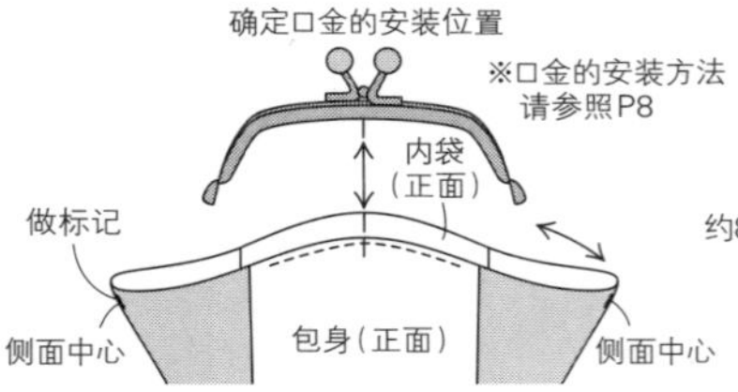

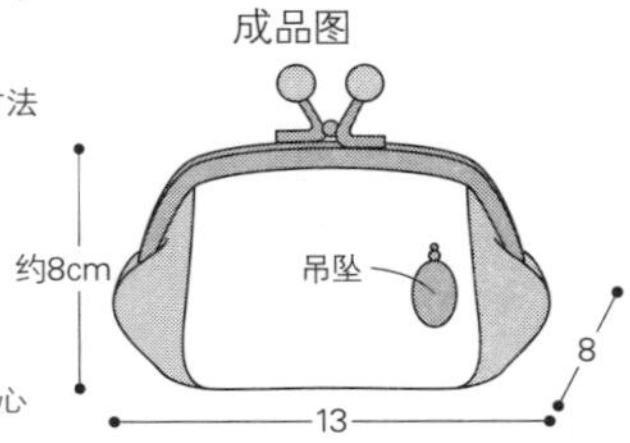

15. photo P17 配有饰物和十字绣的口金包

成品尺寸：宽8.5cm，高约6.5cm，拼接处5cm（不含口金扣头）

使用材料：亚麻布（浅灰白色）16cm×13cm，棉布（花样系列）20cm×13cm，棉布（印花系列）40cm×13cm，布衬40cm×13cm，粗麻布5cm×4cm，吊坠1个，25号刺绣线灰色适量，口金7.7cm×3.7cm（象牙色）

实物大小纸型A面：[15]-1表布前后面、内袋布前后面，[15]-2表布侧面、内袋布侧面

裁剪方法图和尺寸：

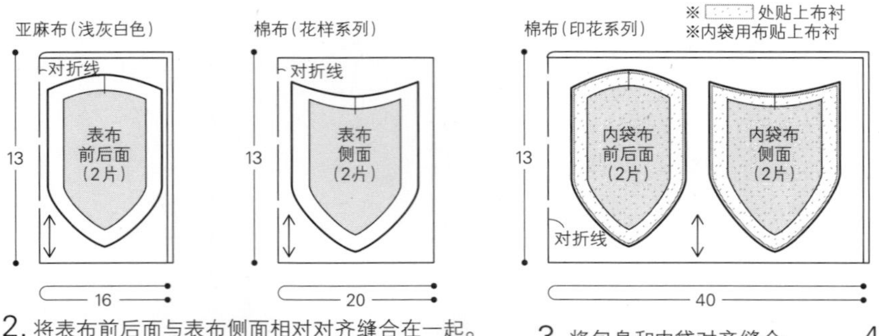

1. 在前侧进行刺绣缝制。

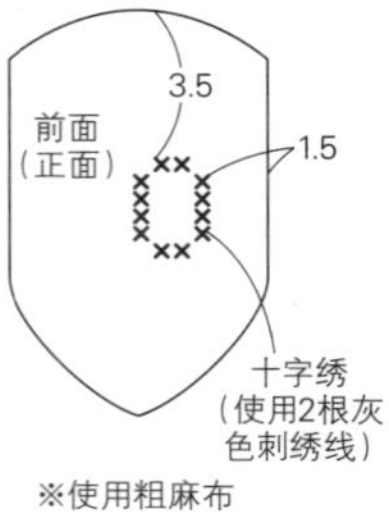

〈十字绣图案〉

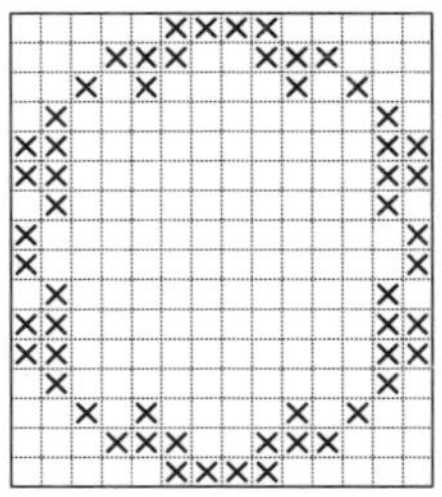

2. 将表布前后面与表布侧面相对对齐缝合在一起。

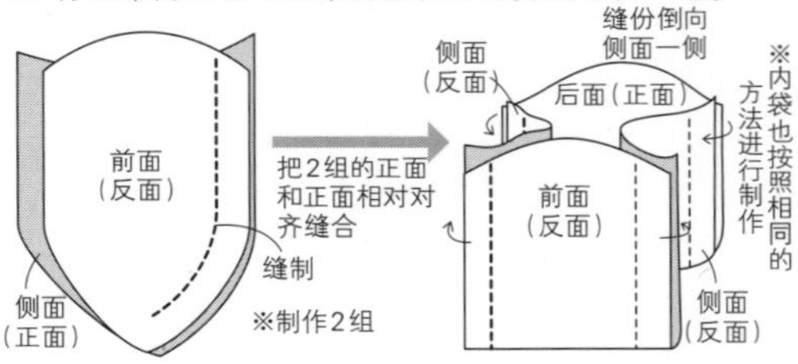

3. 将包身和内袋对齐缝合

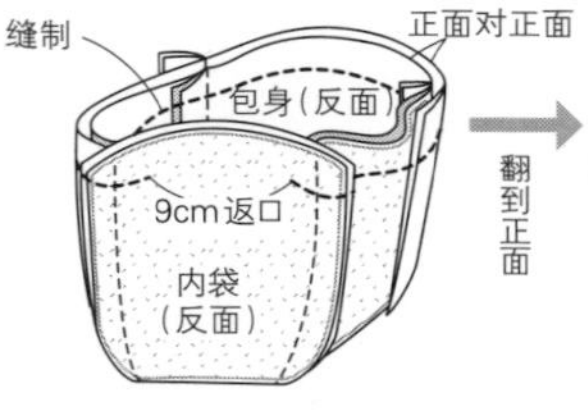

4. 缝合返口，安装口金（参考P8介绍）

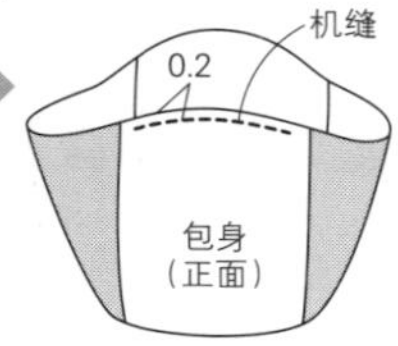

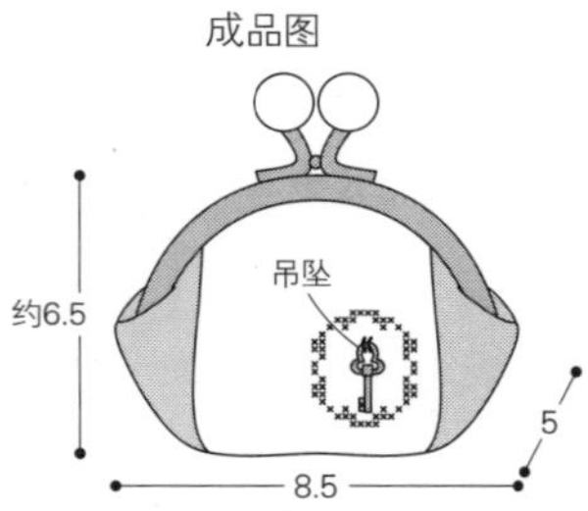

16. photo P18 蕾丝装饰的桶形笔袋

成品尺寸：宽约9cm，高约17cm，拼接处6cm（不含口金扣头）

使用材料：亚麻布（浅蓝色）42cm×25cm，棉布（花样系列）42cm×25cm，蕾丝布30cm×10cm，布衬42cm×25cm，蕾丝主题图案1片，2.5cm宽丝带6.5cm，25号刺绣线浅蓝色适量，口金9.5cm×6cm

实物大小纸型A面：[16]–1表布、内袋布，[16]–2底布、内袋底布，[16]–3蕾丝布

裁剪方法图和尺寸：

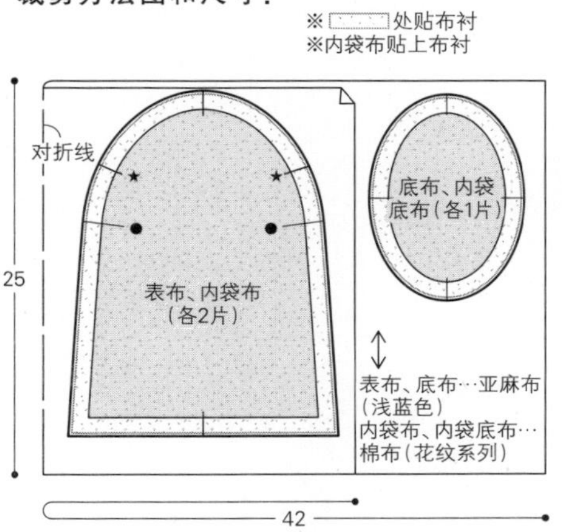

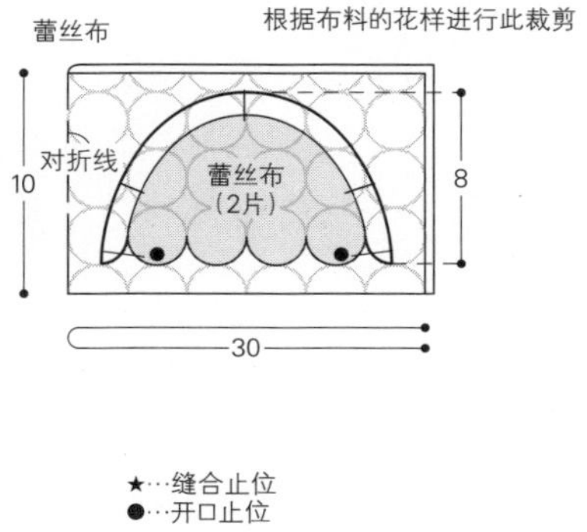

1. 在表布上缝上蕾丝

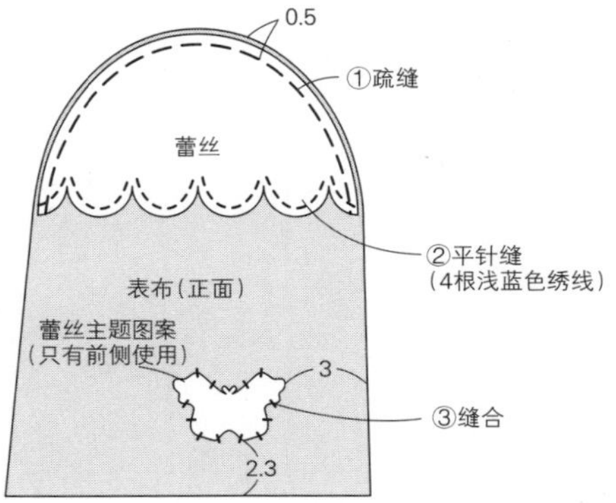

2. 表布2片相对对齐缝合

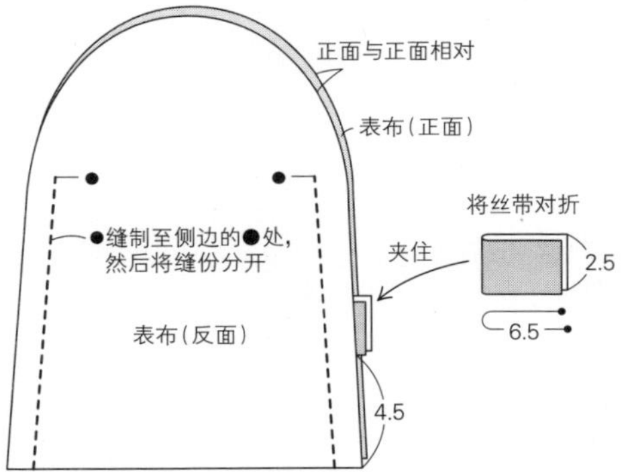

3. 底布正面与表布正面相对对齐缝出整个包身

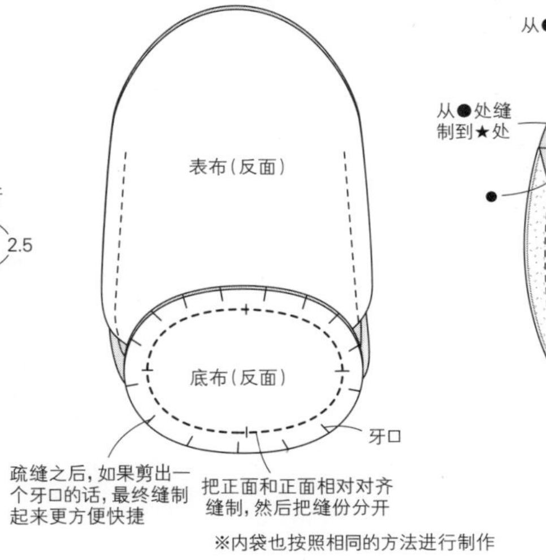

4. 包身和内袋正面相对缝合

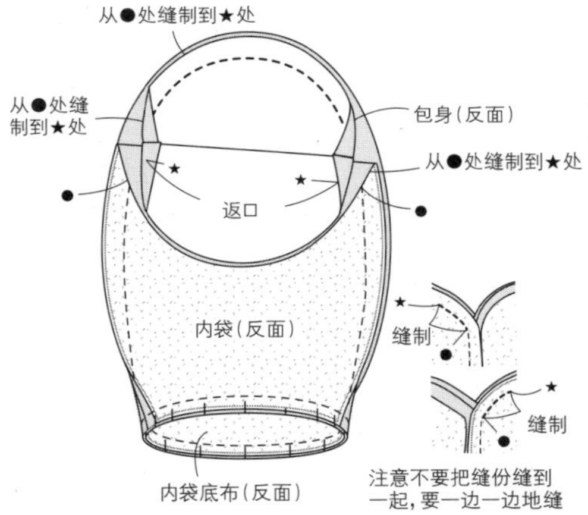

5. 翻到表面，缝合返口

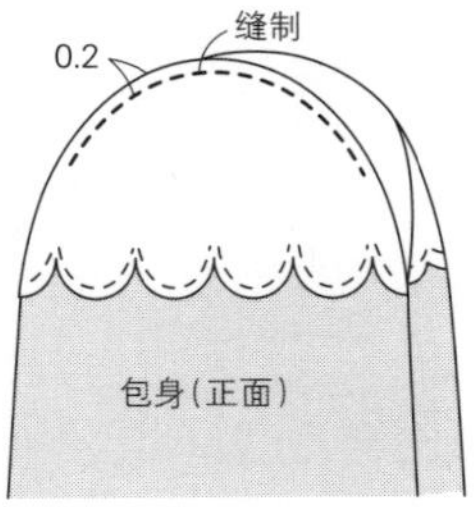

6. 安装口金（安装方法参照P37）

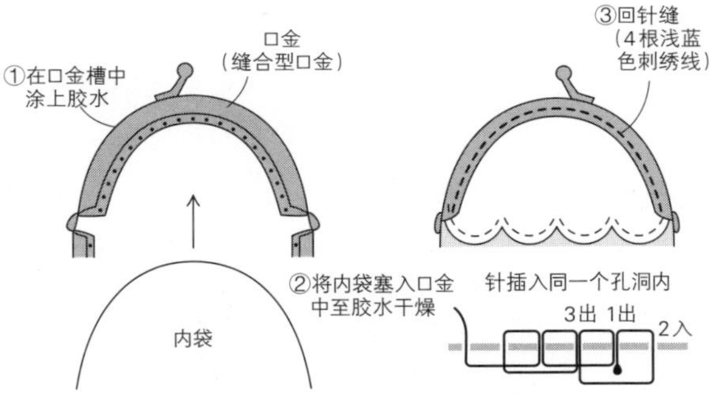

成品图

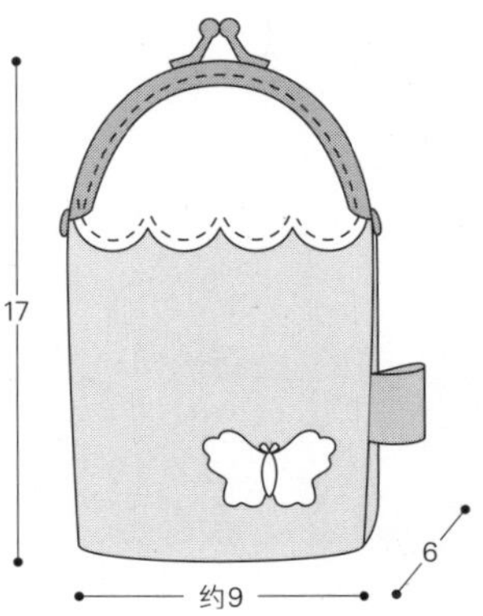

17. *photo P19* 古典玫瑰百褶化妆包

成品尺寸：宽15cm，高13.5cm，拼接处8cm（不含口金扣头）

使用材料：棉布（玫瑰花样）44cm×11cm，棉麻布（土黄色）73cm×15cm，棉布（花样系列）55cm×18cm，布衬55cm×18cm，0.5cm宽丝带70cm，吊链4cm，T形针、圆形听头、珍珠串珠各1个，25号刺绣线红色适量，口金12.2cm×5.5cm

实物大小纸型A面：[17]-1表布A，[17]-2表布B，[17]-3底布、内袋底布，[17]-4内袋布

裁剪方法图和尺寸：

棉布（玫瑰花样）

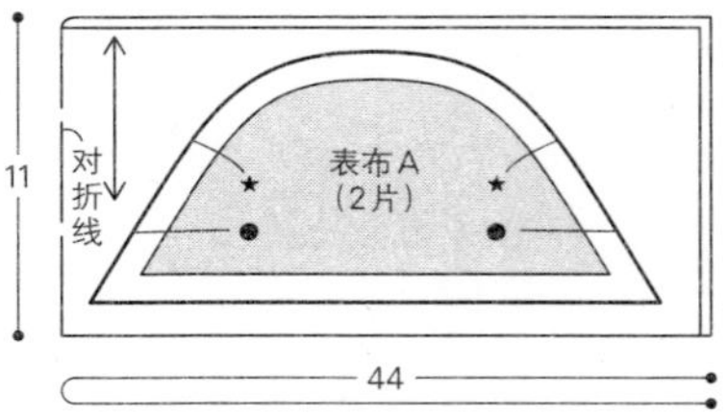

棉麻布（土黄色）

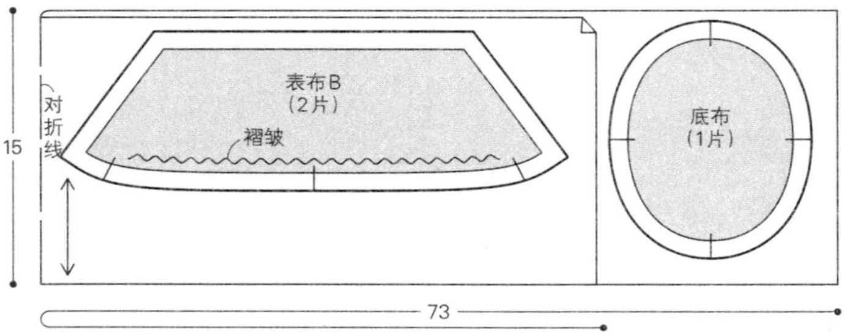

★…缝合止位
●…开口止位

棉布（花样系列）

※ 处贴上布衬
※内袋布贴上布衬，按照尺寸进行裁剪

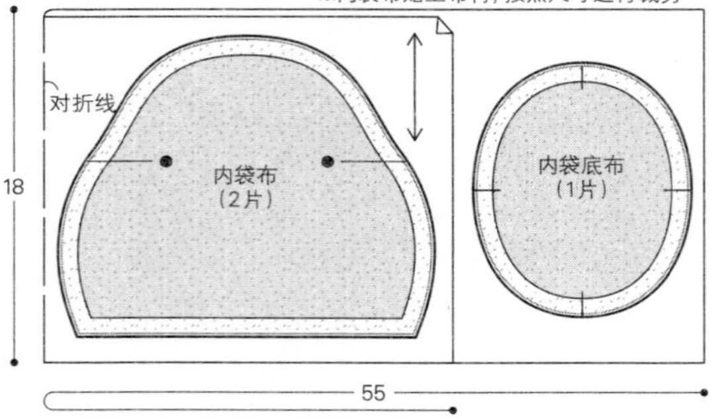

1. 表布A和表布B正面相对对齐缝合

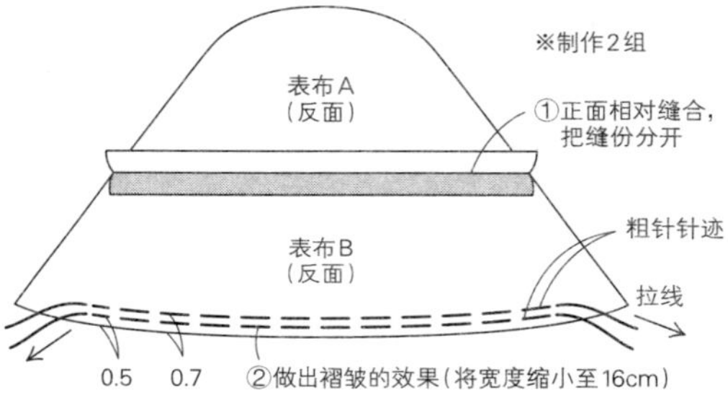

2. 2片表布正面相对对齐缝合，制作包身

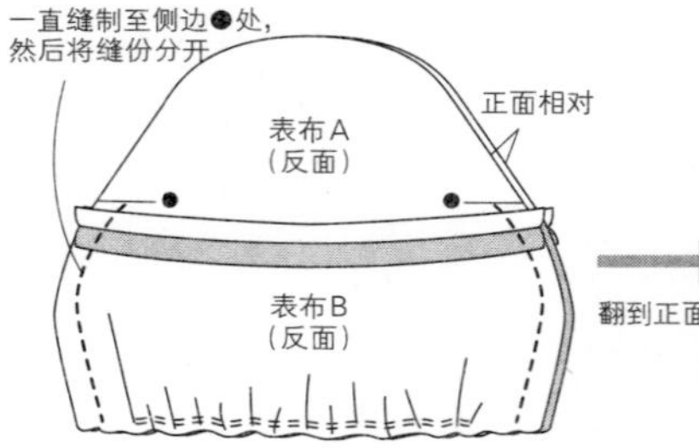

3. 缝上丝带

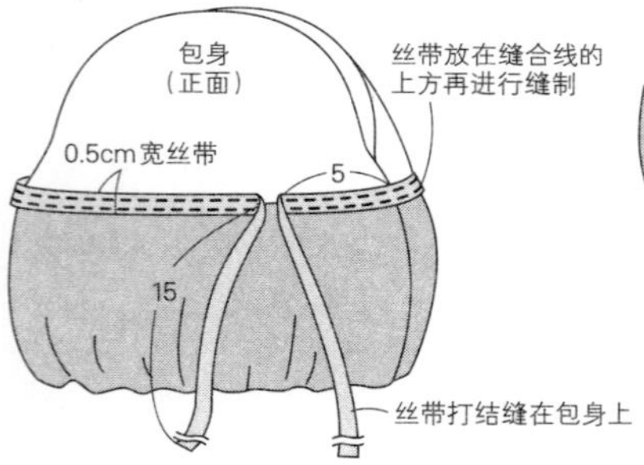

4. 缝制底部

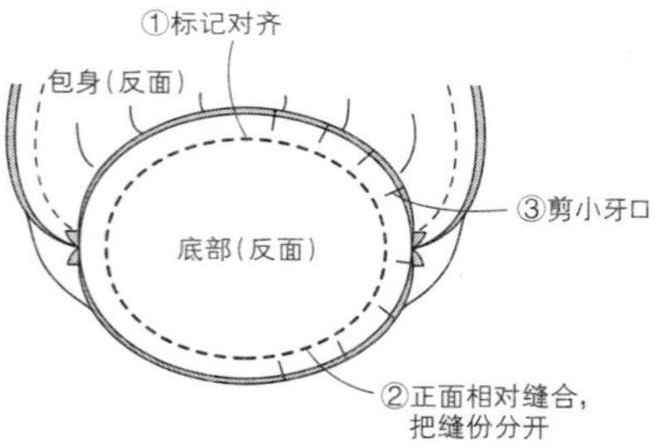

5. 制作内袋

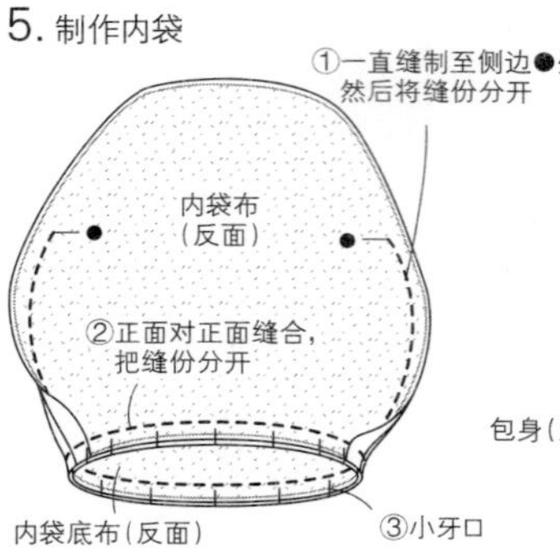

6. 包身和内袋对齐缝合

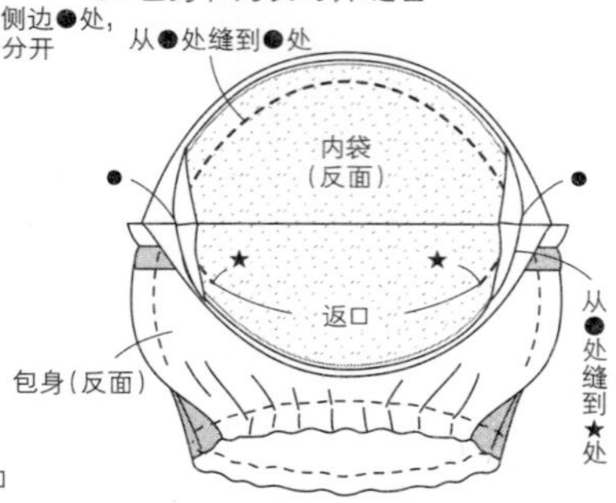

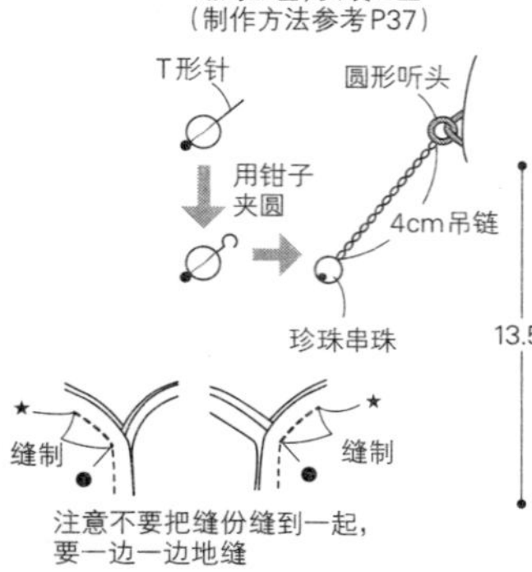

成品图

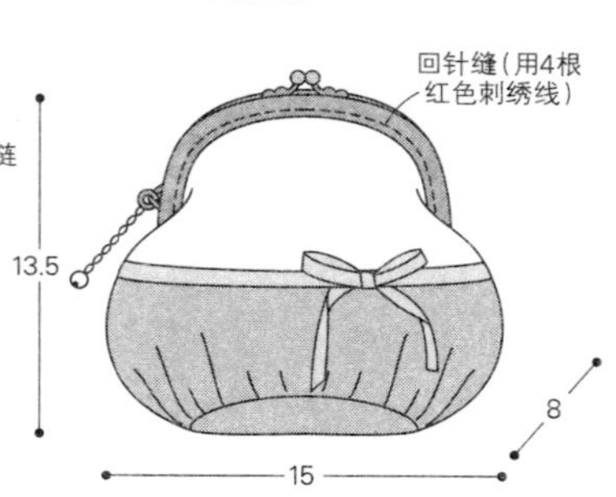

19. photo P21 蕾丝迷你小包

成品尺寸：宽约7.5cm，高约5.5cm，拼接处约4.5cm（不含口金扣头）

使用材料：亚麻布（浅灰白色）8cm×18cm，绒面风格棉布（黑茶色）15cm×15cm，棉布（水珠花纹）16cm×18cm，2.5cm宽蕾丝布8cm，25号刺绣线黑茶色、酒红色各适量，圆形听头1个，口金7.2cm×3.7cm

实物大小纸型A面：[19]-1表布、内袋布，[19]-2表拼接布、内拼接布

裁剪方法图和尺寸：

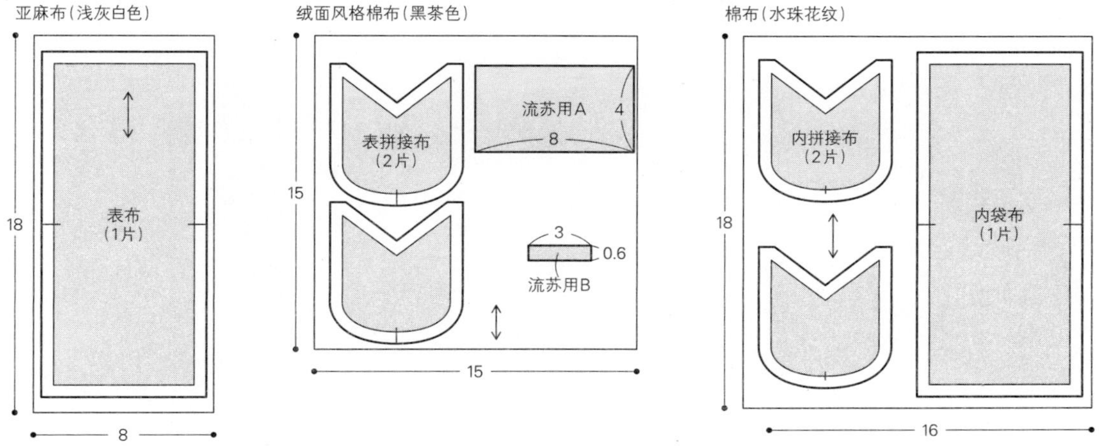

〈十字绣图案〉

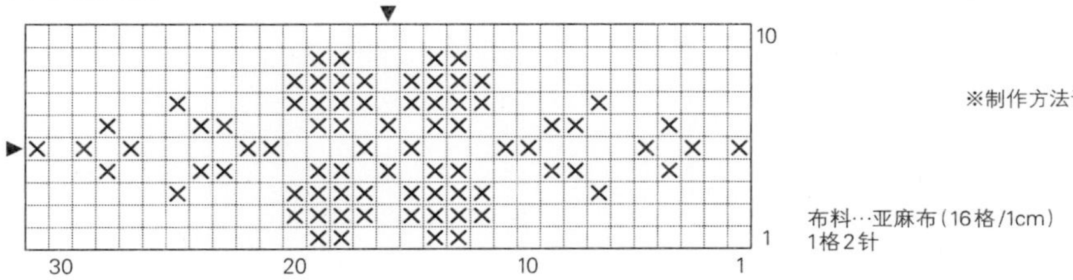

※制作方法请参照P36

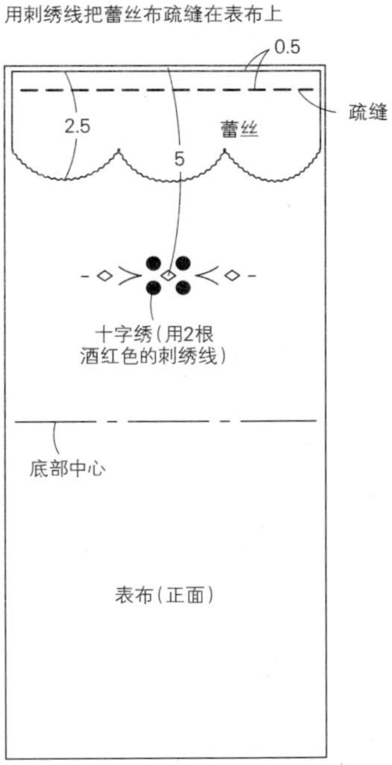

〈流苏的制作方法〉

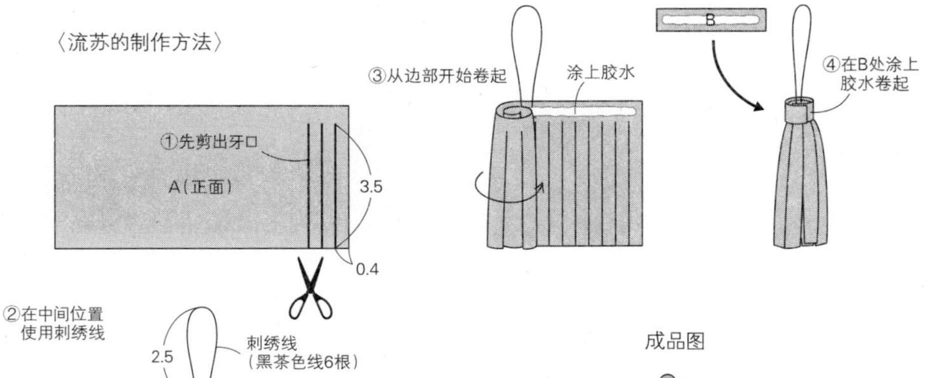

成品图

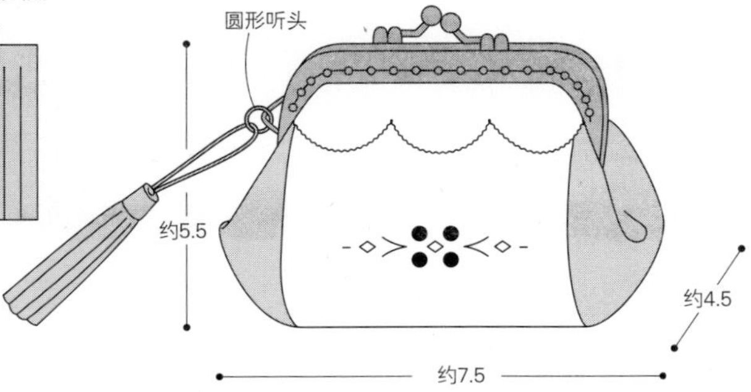

20. *photo P21* 蕾丝化妆包

成品尺寸：宽约16cm，高约10cm，拼接处约7.5cm（不含口金扣头）

使用材料：棉布（扇形饰边）30cm×30cm，亚麻布（灰色）25cm×35cm，棉布（水珠花纹）35cm×35cm，布衬55cm×35cm，0.6cm宽丝带30cm，手缝线黑色适量，直径0.8cm的珍珠3颗，口金12.1cm×6.2cm（珍珠白色）

实物大小纸型A面：[20]-1表布、内袋布，[20]-2表拼接布、内拼接布

裁剪方法图和图纸：

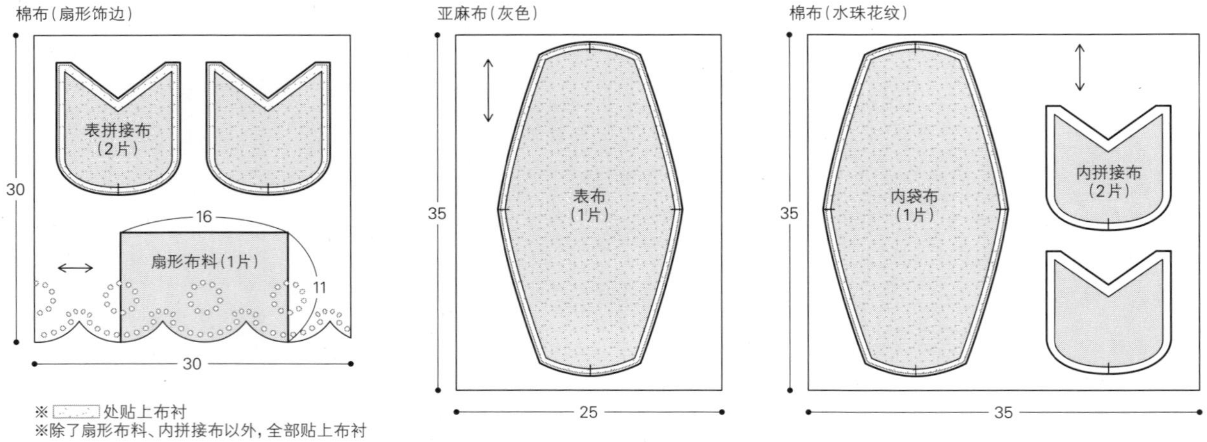

※ [ ] 处贴上布衬
※除了扇形布料、内拼接布以外，全部贴上布衬

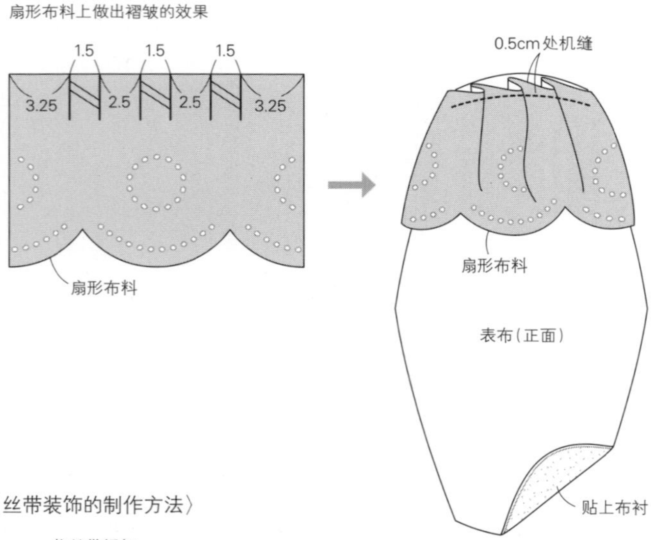

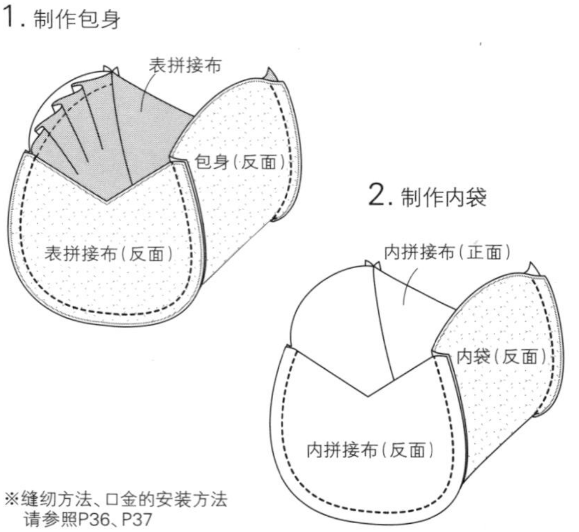

※缝纫方法、口金的安装方法请参照P36、P37

〈丝带装饰的制作方法〉

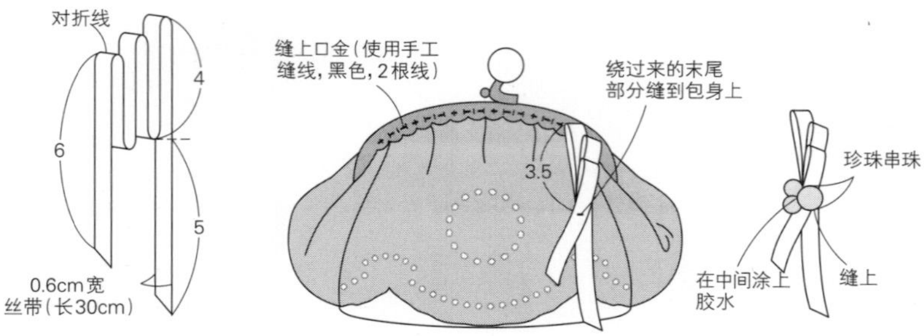

成品图

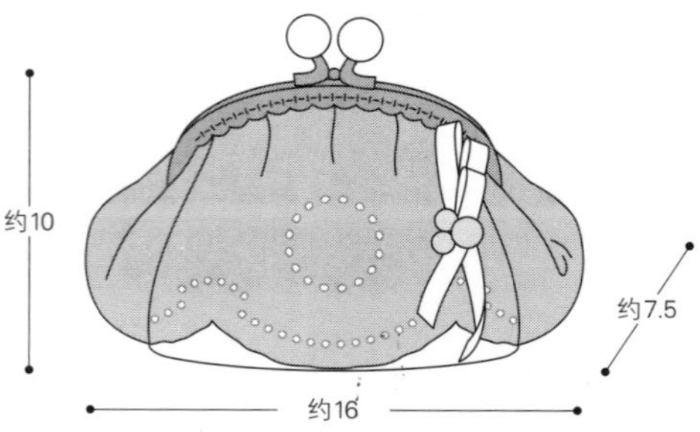

21. *photo P22* 优雅复古手包

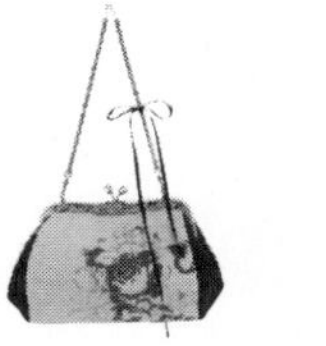

成品尺寸：宽约21cm，高约10.5cm，拼接处约11.5cm（不含口金扣头）

使用材料：亚麻布（花样系列）20cm×40cm，亚麻布（黑色）20cm×40cm，亚麻布（灰色）40cm×40cm，布衬40cm×40cm，带胶铺棉40cm×40cm，0.4cm宽丝带40cm，带茄形听头的吊链，口金17cm×7.6cm

实物大小纸型A面：[21]-1表布、内袋布，[21]-2表拼接布、内拼接布

裁剪方法图和尺寸：

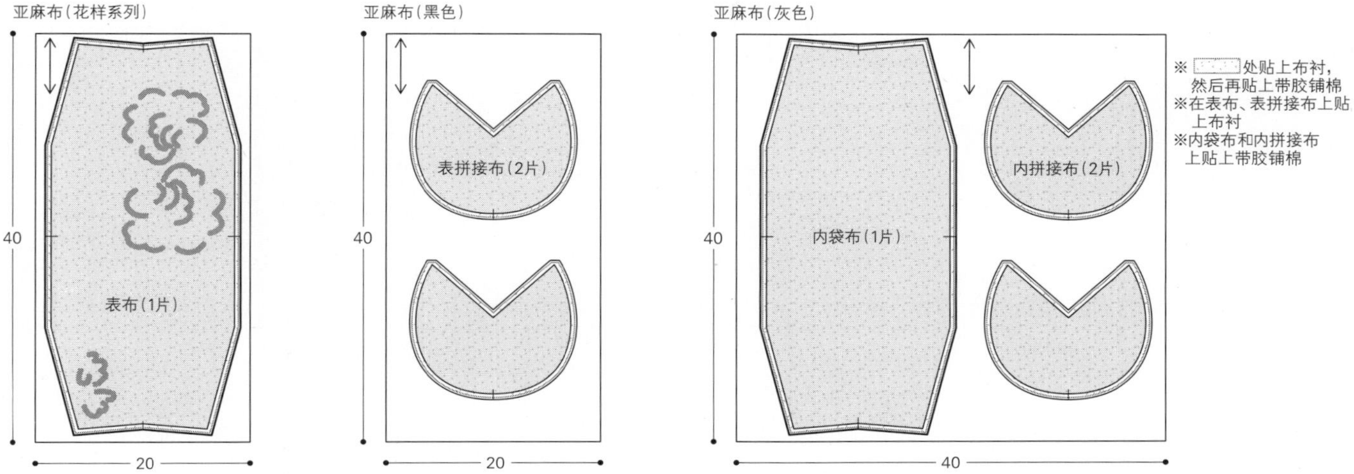

※制作方法请参考P36、P40

1. 将表布和表拼接布对齐缝合

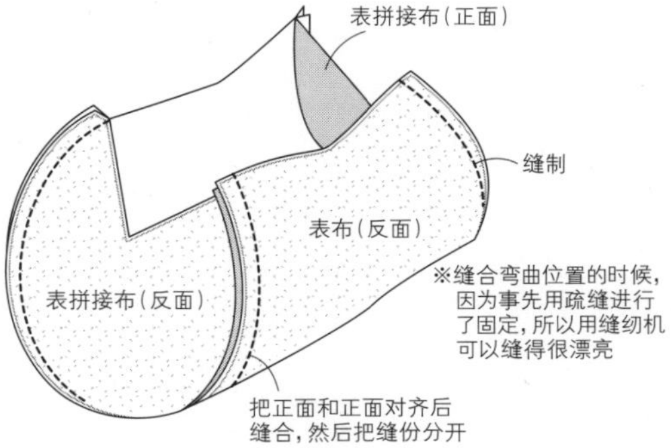

2. 缝制内袋

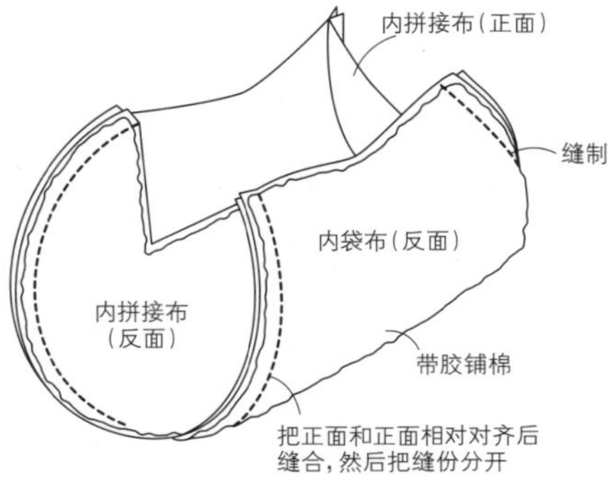

3. 包身和内袋对齐缝合在一起

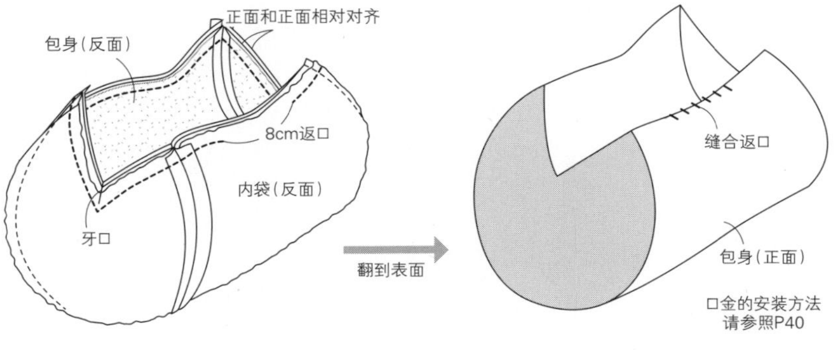

成品图

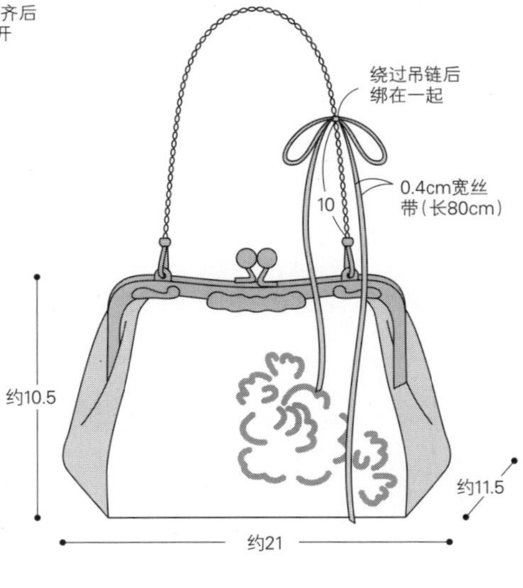

22. photo P23 波士顿风情提包

成品尺寸：宽约32cm，高约12cm，拼接处约15cm

使用材料：厚质地棉布（花样系列）54cm×80cm，棉布（奶油色）54cm×80cm，带胶铺棉50cm×60cm，小标签2cm×6cm，口金21.5cm×5.6cm

实物大小纸型B面：[22]-1表布、内袋布，[22]-2表拼接布、内拼接布

裁剪方法图和尺寸：

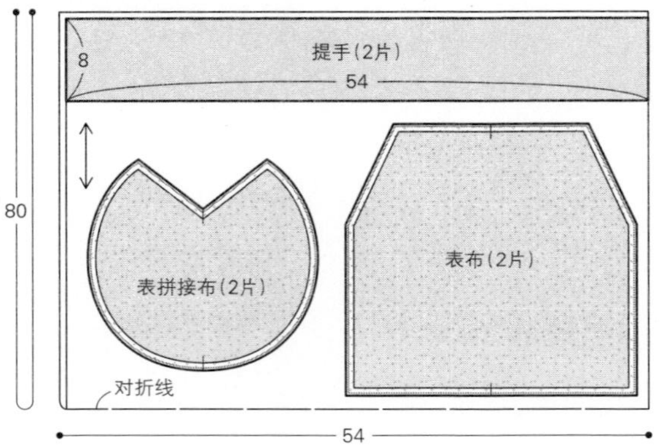

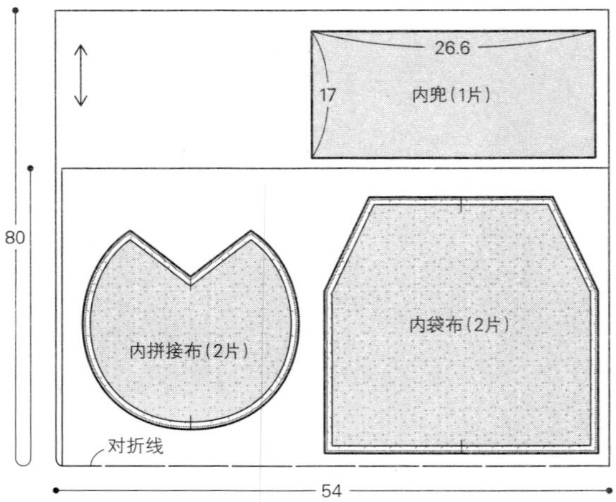

※▭处贴上布衬和带胶铺棉
※表布和表拼接布上贴带胶铺棉，内袋和内拼接布上贴布衬

※包的制作方法参照P63
※口金的安装方法参照P40

〈提手的制作方法〉

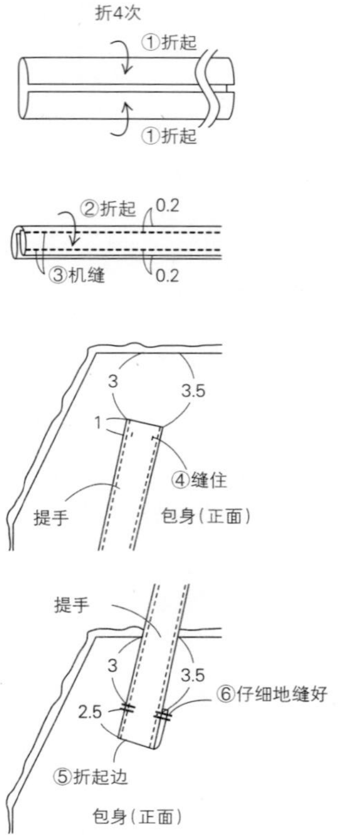

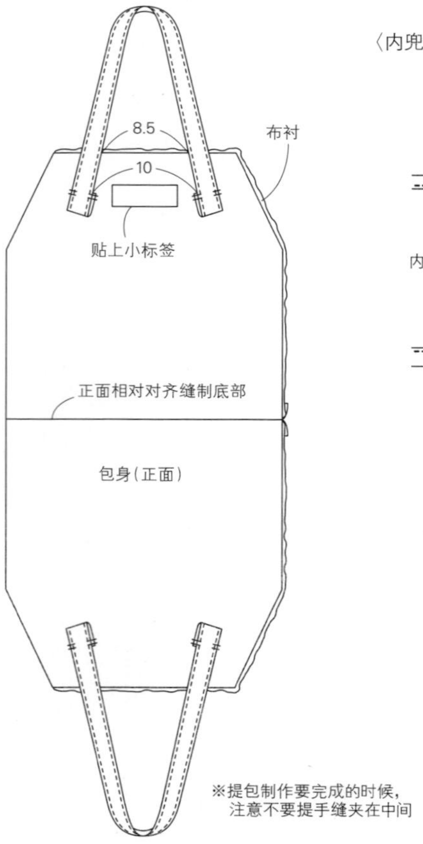

※提包制作要完成的时候，注意不要提手缝夹在中间

〈内兜的缝制方法〉

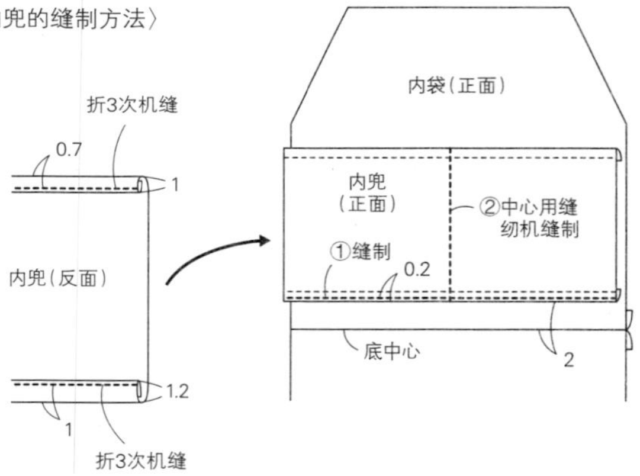

成品图

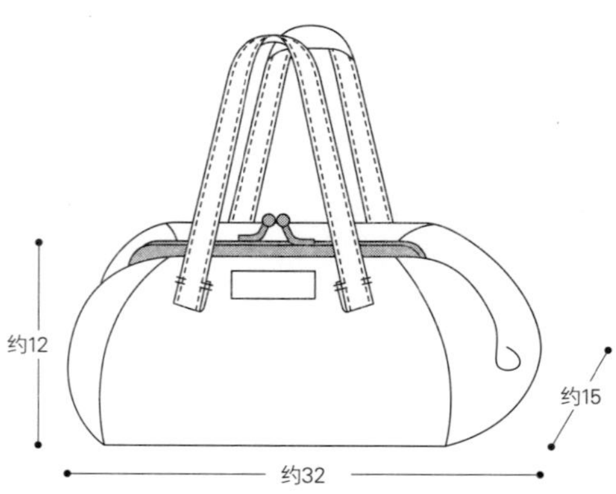

23. photo P24 数码相机包

成品尺寸：宽12.5cm，高8cm，拼接处3.8cm

使用材料：亚麻布（方格花纹）35cm×15cm，亚麻布（藏青色）15cm×30cm，棉布（素色）25cm×30cm，布衬50cm×30cm，DMC25号刺绣线774、3347、3853、3865各色适量，金属挂件1个，宽2.1cm的D形听头1个，按钉1组，口金12cm×5.5cm（圆角形17mm大珠）

实物大小纸型B面：[23]-1表布、内袋布，[23]-2表拼接布、内拼接布，[23]-3内兜

裁剪方法图和尺寸：

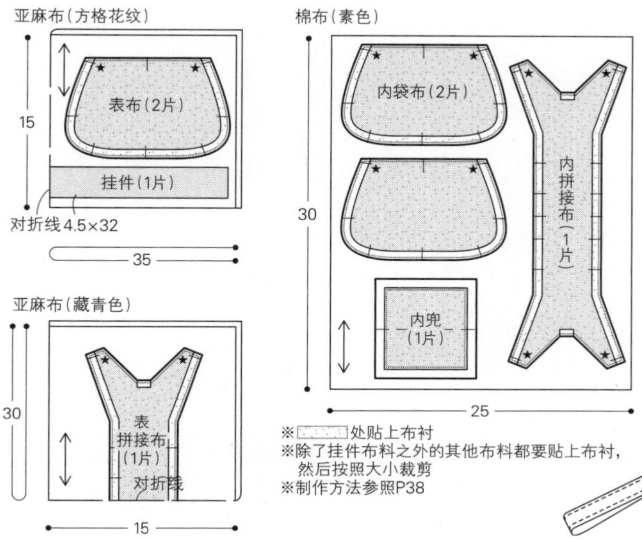

※▭处贴上布衬
※除了挂件布料之外的其他布料都要贴上布衬，然后按照大小裁剪
※制作方法参照P38

〈挂件的制作方法〉

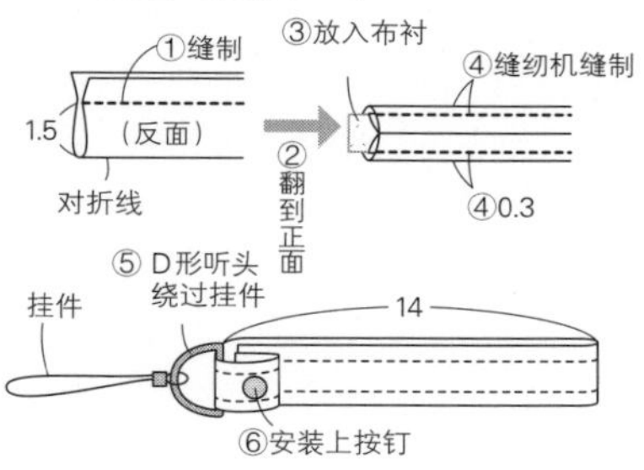

成品图

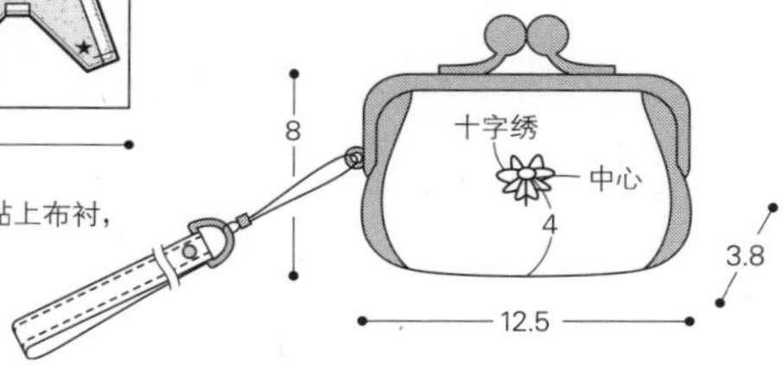

〈十字绣图案〉

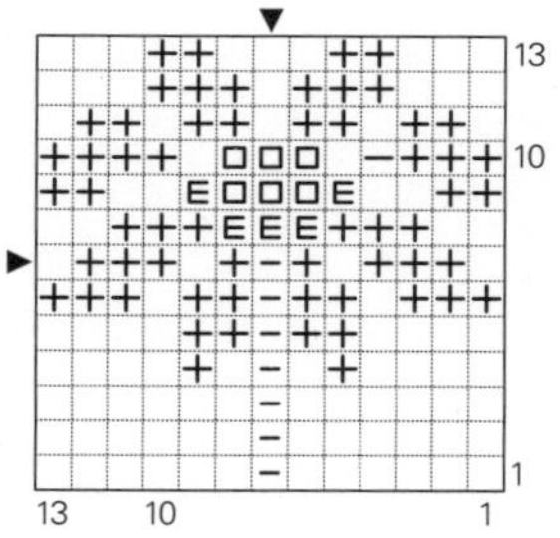

□ 774　⊟ 3347
E 3853　⊞ 3865

※DMC25号刺绣2根
※亚麻布（12格/cm）

25. photo P25 条纹单肩挎包

成品尺寸：宽25cm，高20cm，拼接处8cm

使用材料：十字绣用布（条纹）70cm×34cm，丝绸面料90cm×34cm，布衬70cm×90cm，宽2.1cm的D形听头2个，提手（黑茶色）1根，DMC25号刺绣线161、774、3033、3347、3721、3853、3865各色适量，口金25cm×10.2cm（红色）

实物大小纸型B面：[25]-1表布、内袋布，[25]-2表拼接布、内拼接布，[25]-3内兜，[25]-4刺绣图案

裁剪方法图和尺寸：

※▭处贴布衬
※布料全部贴上布衬，然后按照大小剪裁

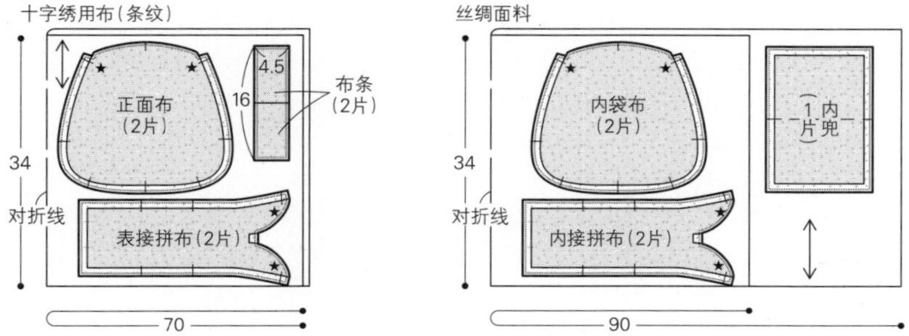

〈缝制底部中心〉

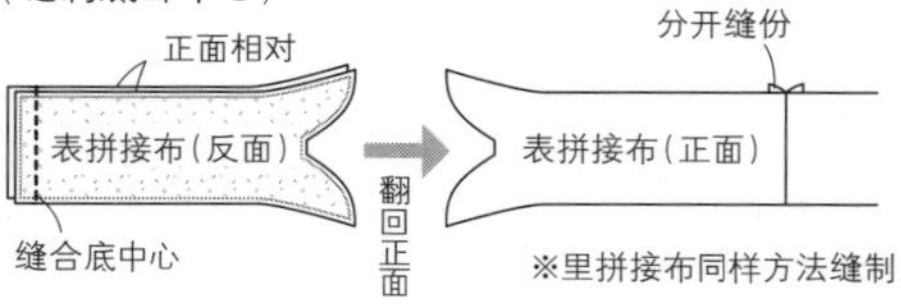

※里拼接布同样方法缝制

※制作方法参照P38

完成图

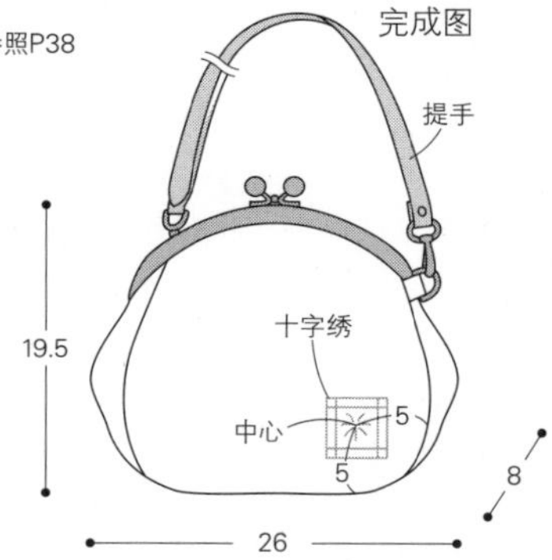

〈制作垂片〉

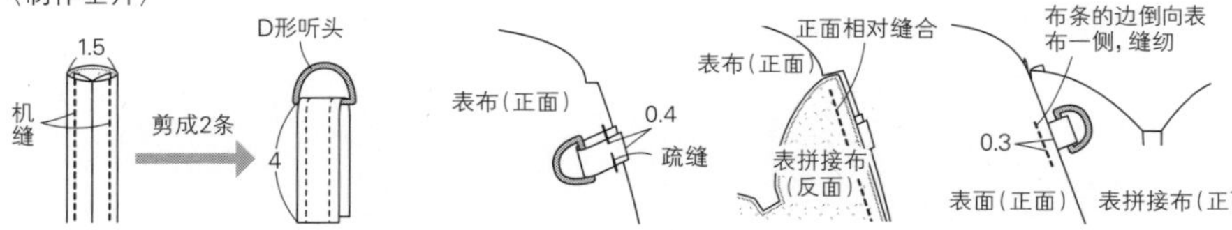

26. *photo P26* 饰品收纳包

成品尺寸：宽6cm，高5cm，拼接处4cm

使用材料：棉麻布（水珠花纹）、工装布料各20cm×20cm，厚布衬40cm×20cm，0.6cm宽罗缎丝带42cm，1.6cm宽罗缎丝带10cm，吊链1cm，直径1cm的珍珠串珠1颗，圆形听头和T形针各1个，口金6cm×4.5cm

实物大小纸型A面：[26]-1表布、内袋布

裁剪方法图和尺寸：

※▭处贴上布衬
※表布和内袋布料贴上厚质地的布衬后按照尺寸进行裁剪

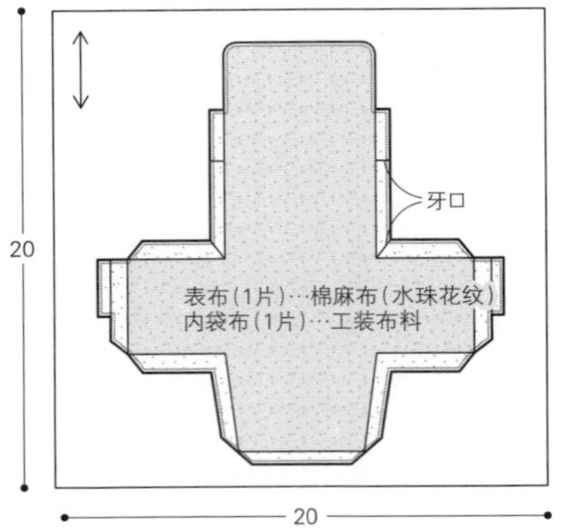

1. 剪出小牙口

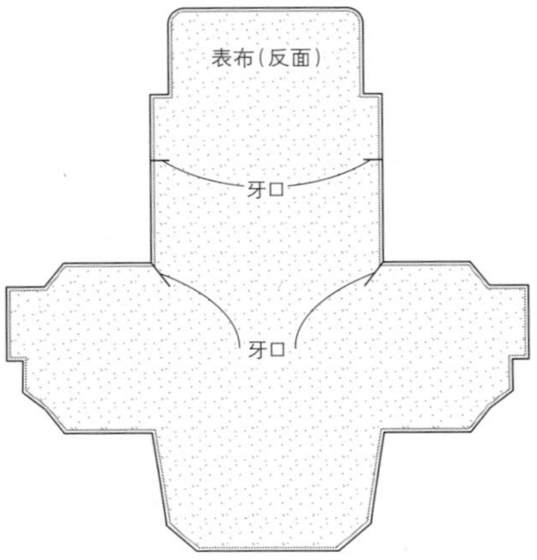

2. 底部缝纫机缝合

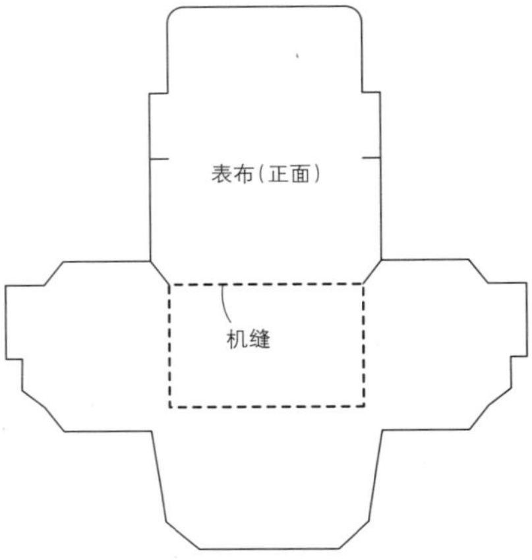

3. 在表布上缝上丝带

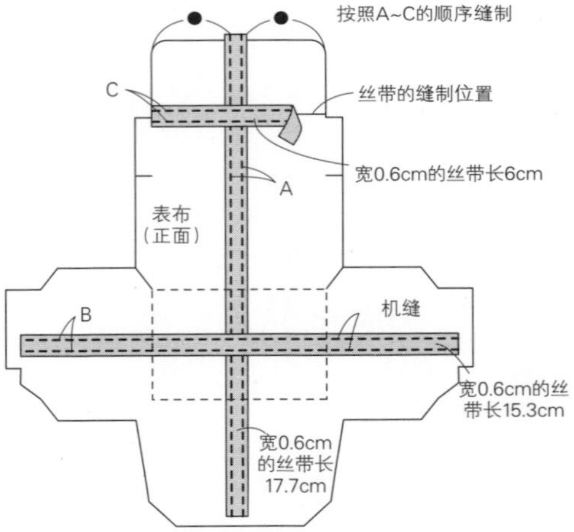

4. 将4条边缝在一起，成一个箱形

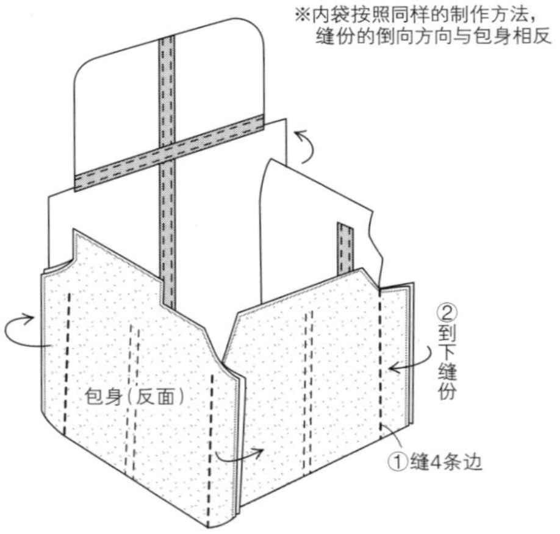

5. 包身与内袋对齐后缝在一起

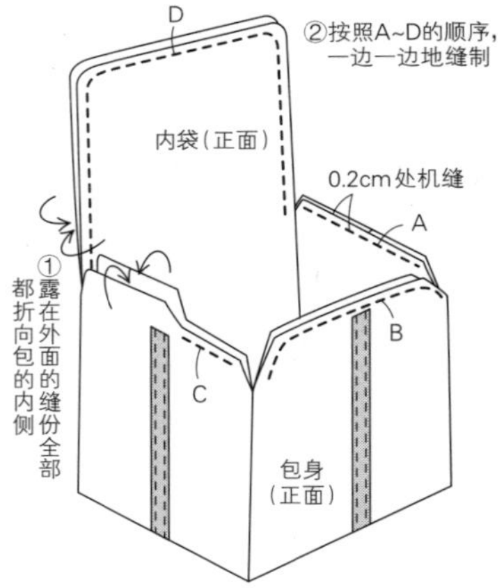

6. 安装口金

※口金的安装方法请参照P8

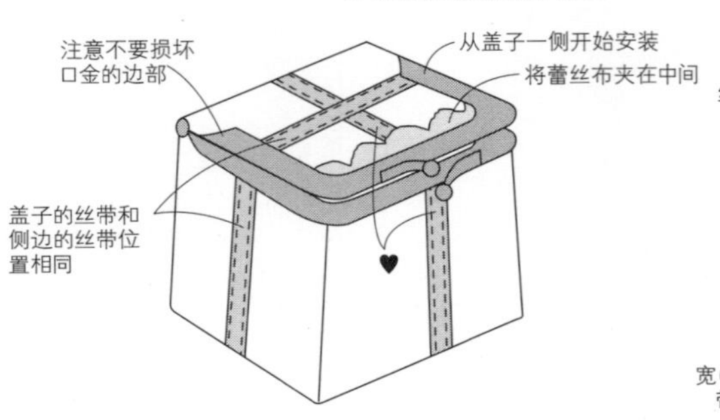

7. 缝制丝带

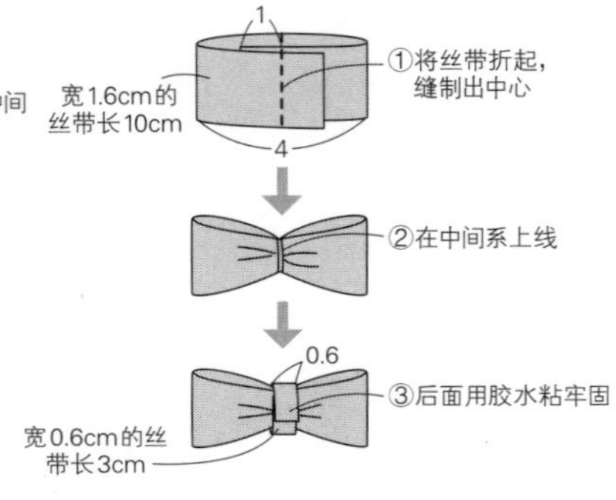

成品图

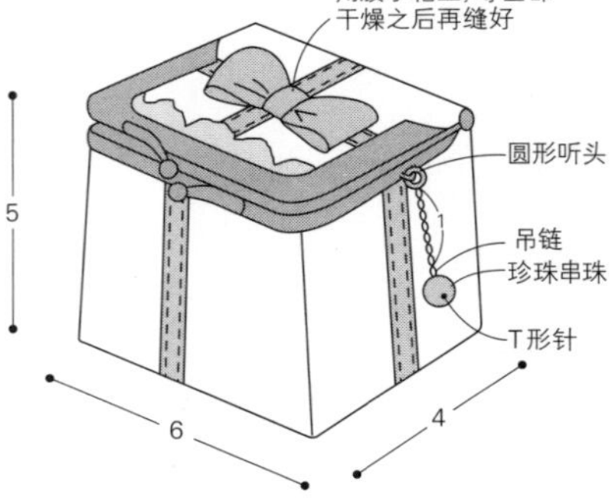

27. *photo P27* 小梳妆包

成品尺寸：宽18cm，高5cm，拼接处7cm

使用材料：摇粒绒（米色）、亚麻布（水珠花纹）各35cm×30cm，厚布衬70cm×30cm，提花蕾丝（15cm×10.5cm）1片，手缝系列线白色适量，镜子（9cm×6cm）1个，珍珠串珠直径0.8cm1颗、直径0.4cm3颗，口金18.2cm×7.6cm

实物大小纸型A面：[27]-1表布、内袋布

裁剪方法图和尺寸：

※ ▭处贴上布衬
※表布贴上布衬，然后按照尺寸裁剪

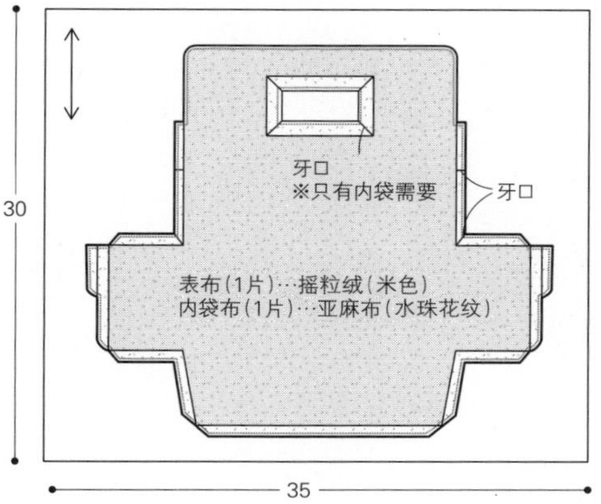

1. 剪出牙口

2. 在表布上缝制上提花蕾丝和珍珠串珠

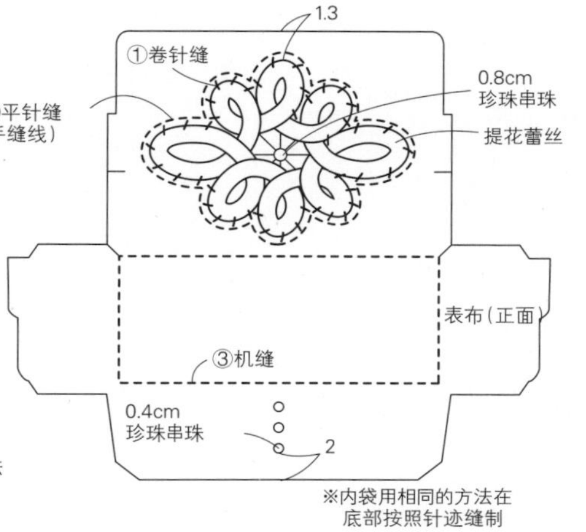

3. 把4条边缝起来呈箱形

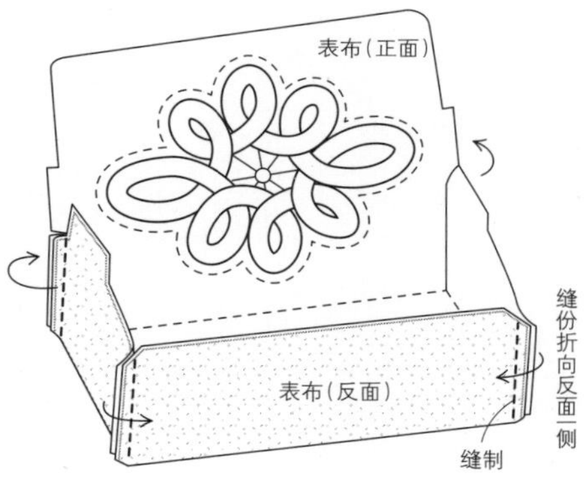

4. 制作内袋

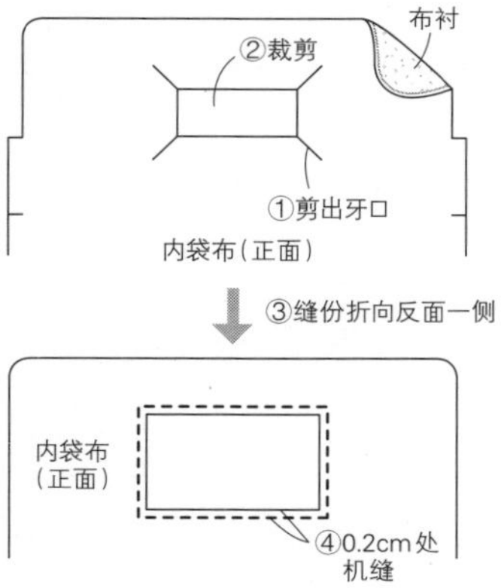

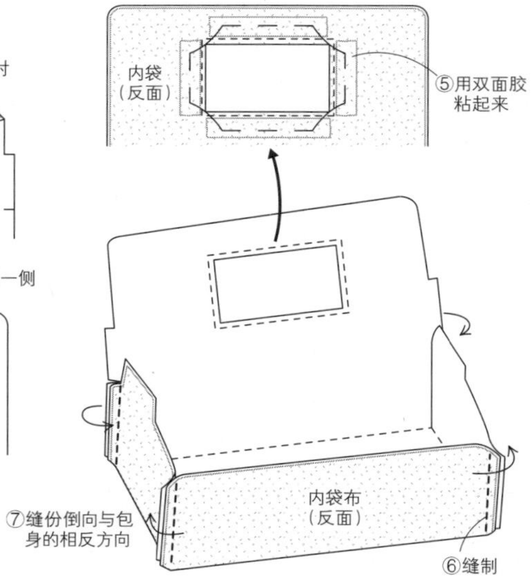

5. 包身和内袋对齐后缝在一起

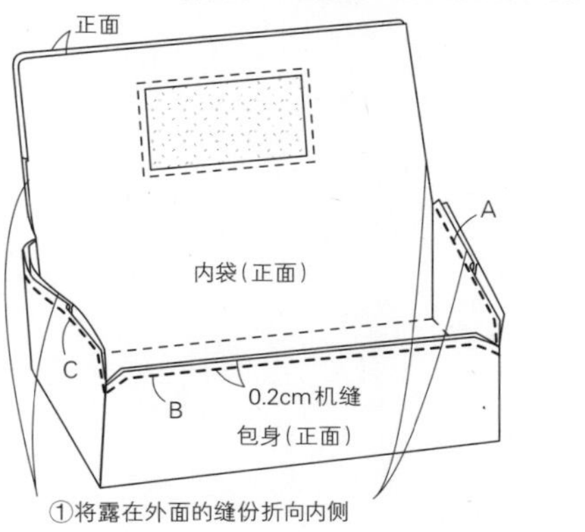

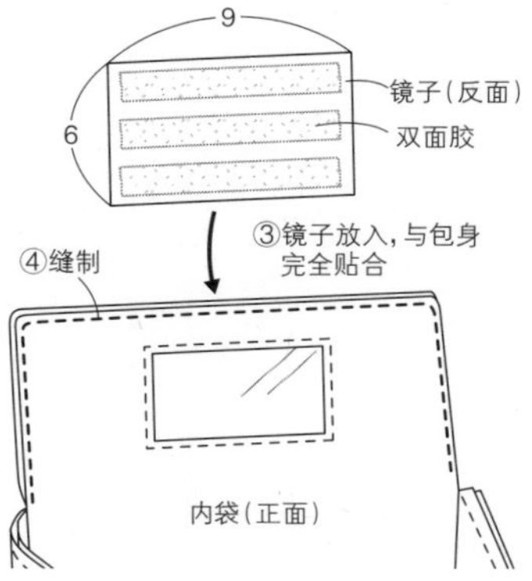

成品图

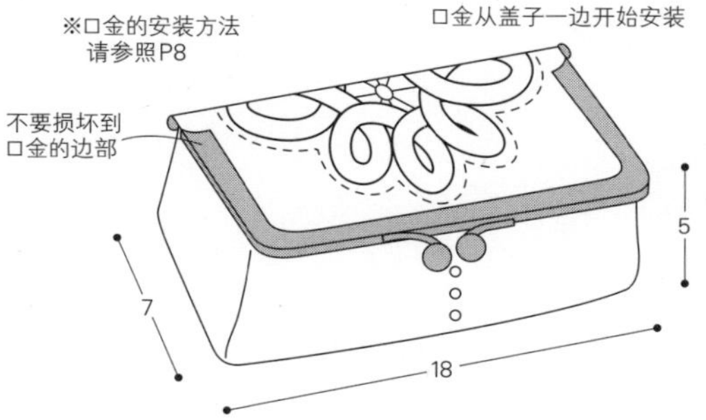

28. *photo P28* 短款钱包

成品尺寸：宽14.5cm，高约7.5cm（不含口金扣头）

使用材料：细麻布50cm×20cm，棉麻布（粉红色）35cm×20cm，布衬50cm×40cm，1.5cm宽蕾丝40cm，直径1.7cm的花形纽扣1颗，直径1cm 的纽扣2颗，口金12.2cm×6cm

实物大小纸型B面：[28]-1表布、内袋布，[28]-2卡包，[28]-3风琴褶

裁剪方法图和尺寸：

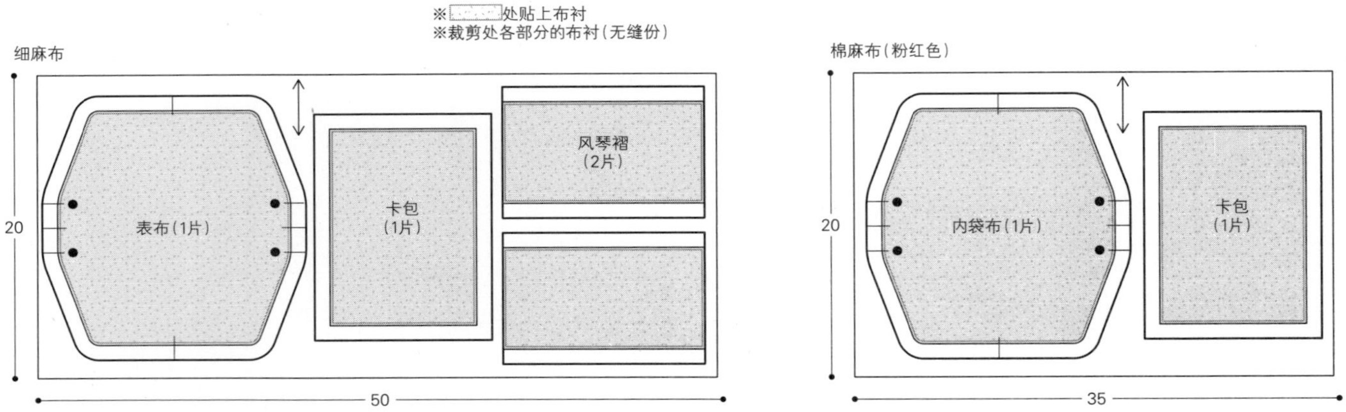

1. 制作出风琴褶

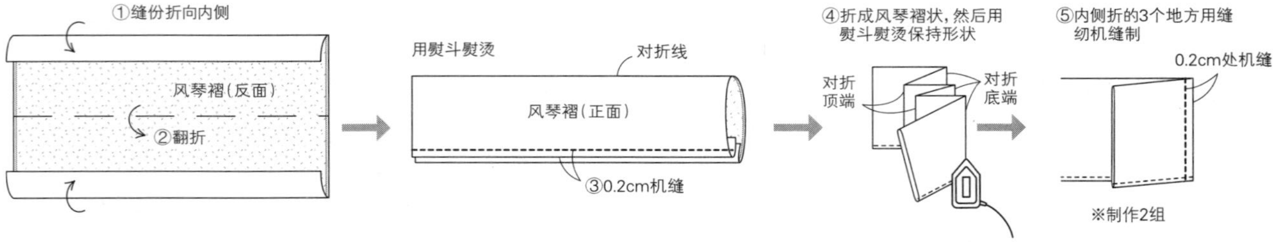

2. 卡包

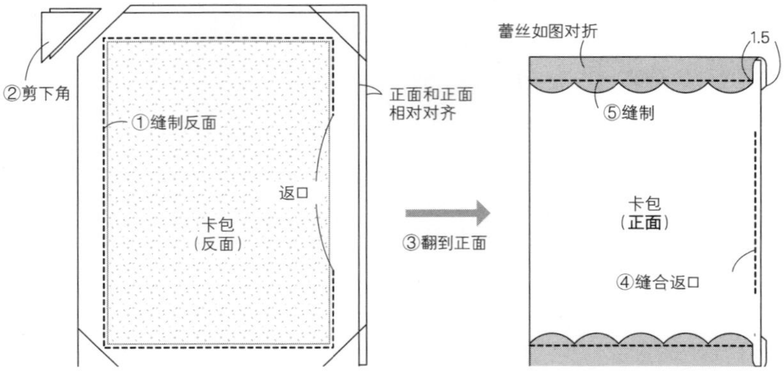

3. 用风琴褶把卡包夹在中间缝合

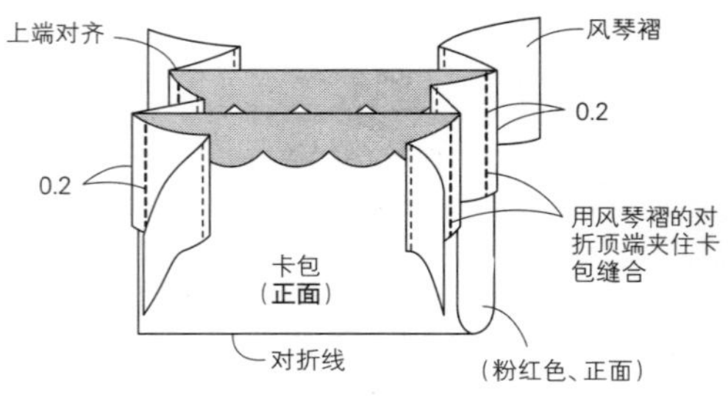

4. 制作包身

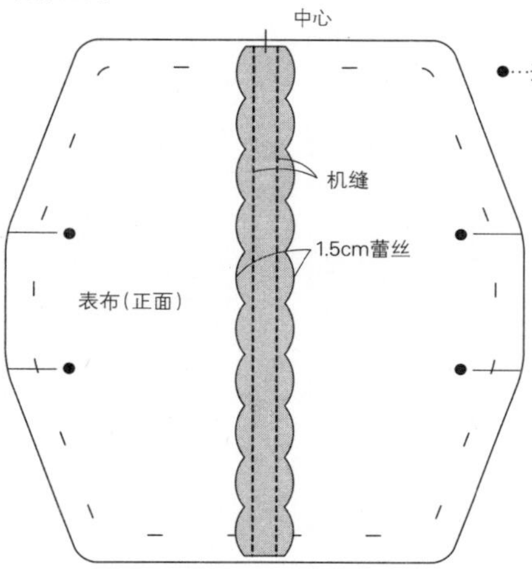

① 把正面和正面相对齐，一直缝制到侧边的●处，然后把缝份分开

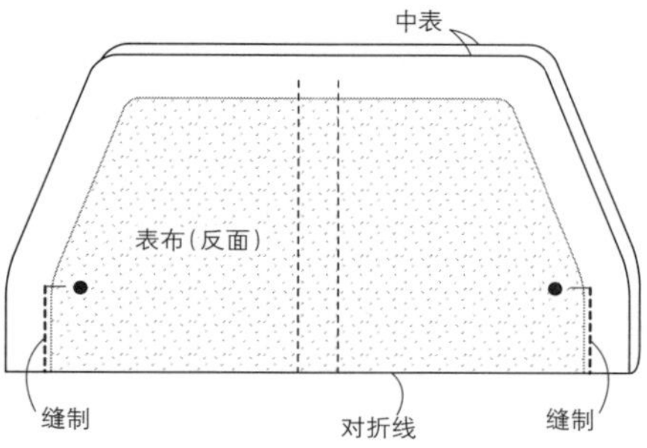

※内袋也按照相同的方法进行制作

5. 包身和内袋对齐缝合

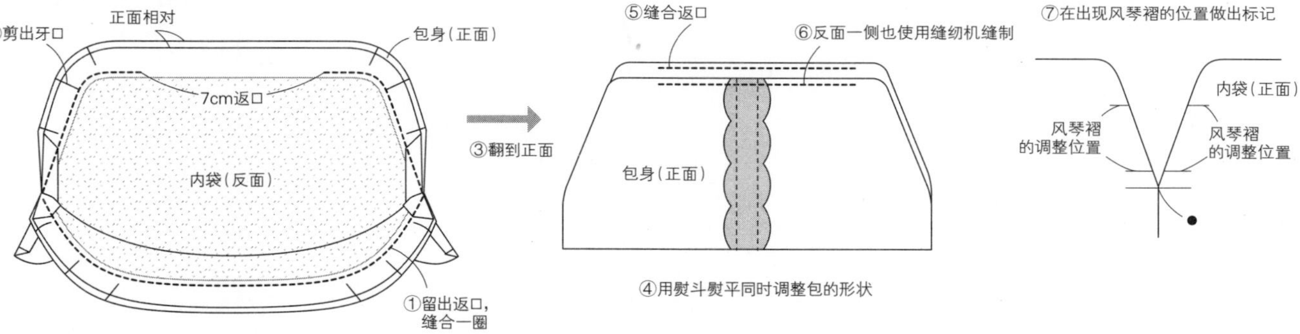

6. 在包身的内侧缝出风琴褶的形状

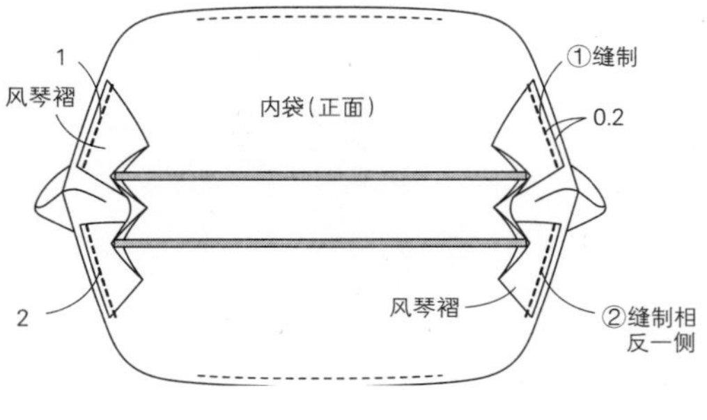

7. 安装口金

※口金的安装方法请参照P40

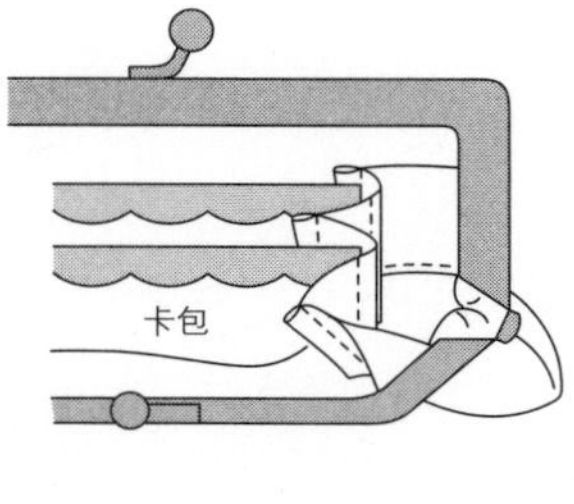

成品图

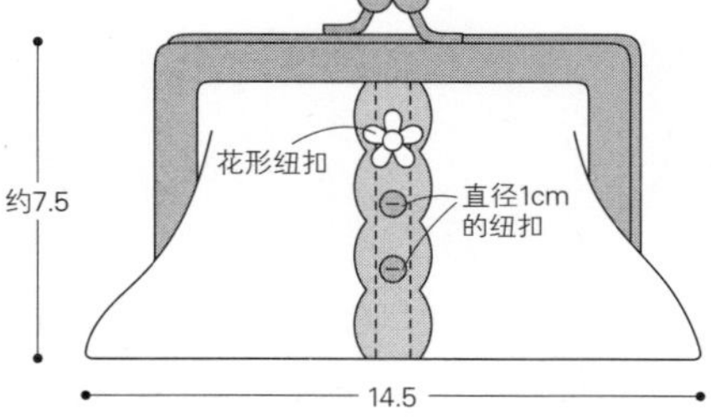

29. *photo P29* 防水布长款钱包

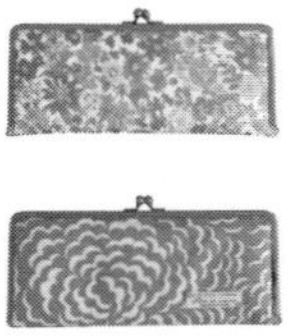

成品尺寸：宽21.5cm，高9.5cm（不含口金扣头）

使用材料：<A>防水布30cm×30cm，细麻布65cm×30cm，棉麻布（星星花样）30cm×40cm，棉麻布（黄金星星花样）55cm×40cm，亚麻布（原色）45cm×10cm

<B>细麻布95cm×40cm，棉布（水珠花纹藏青色）50cm×30cm，棉布（水珠花纹白色）45cm×10cm，贴条1片，直径0.5cm的纽扣2颗

<A、B通用>布衬100cm×70cm，0.8cm包边条25cm，长16cm的拉链1条，口金21cm×9.3cm（21cm×9cm的长腿圆形角口金）

实物大小纸型B面：[29]-1表布、内袋布，[29]-2卡包，[29]-3硬币包，[29]-4风琴褶A，[29]-5风琴褶B

裁剪方法图和尺寸：

<A>

※▭处贴上布衬
※裁剪各部分的布衬尺寸（不含缝份）
※防水布不需要贴布衬

防水布

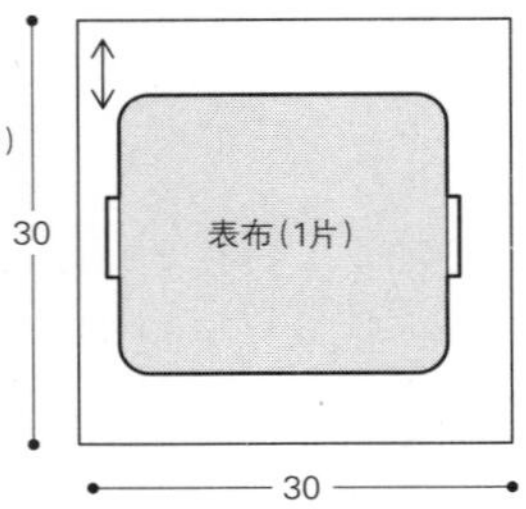

棉麻布（星星花样）

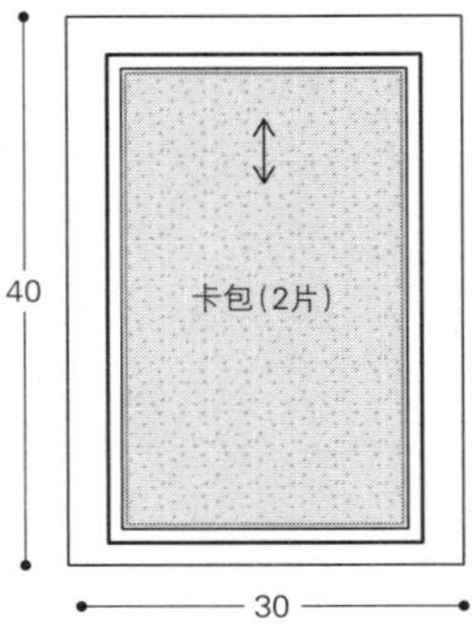

棉麻布（黄金星星花样）

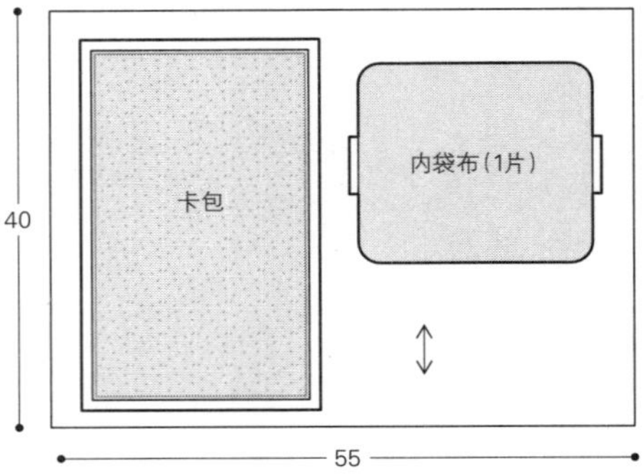

细麻布

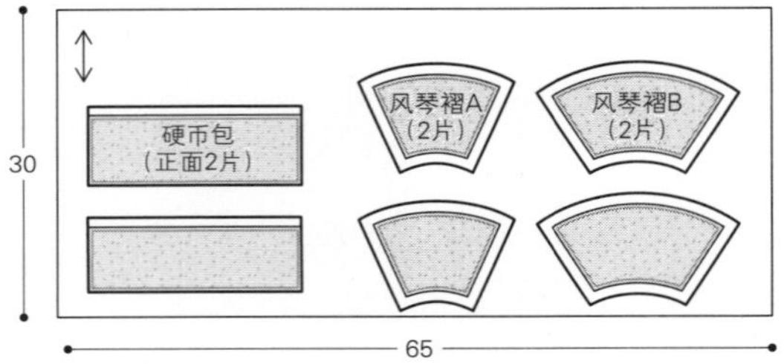

亚麻布（原色）

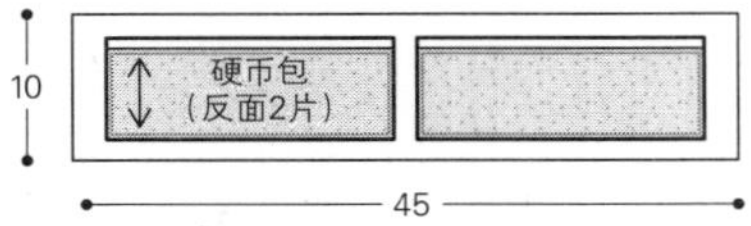

<B>

细麻布

※各部分所使用的片数与A的一样

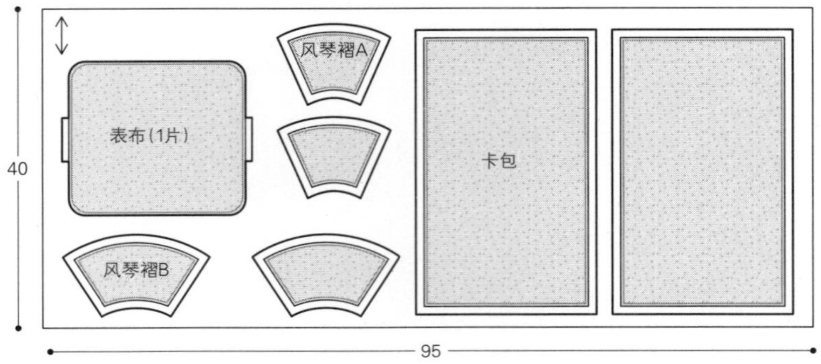

棉布（藏青色 水珠花纹）

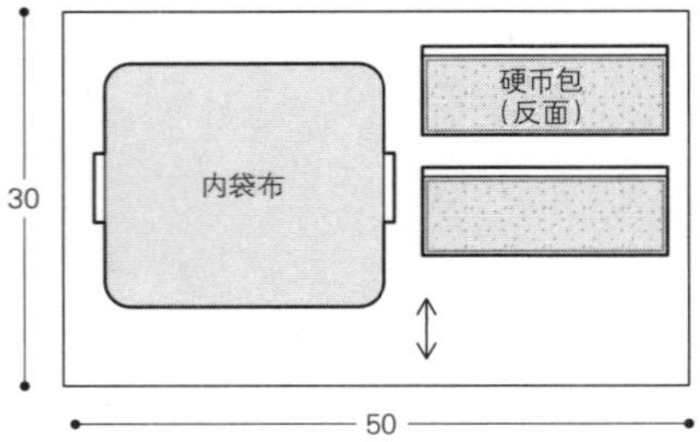

棉布（水珠花纹 白色）

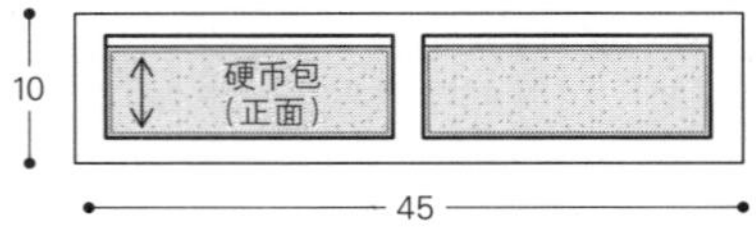

1. 制作卡包

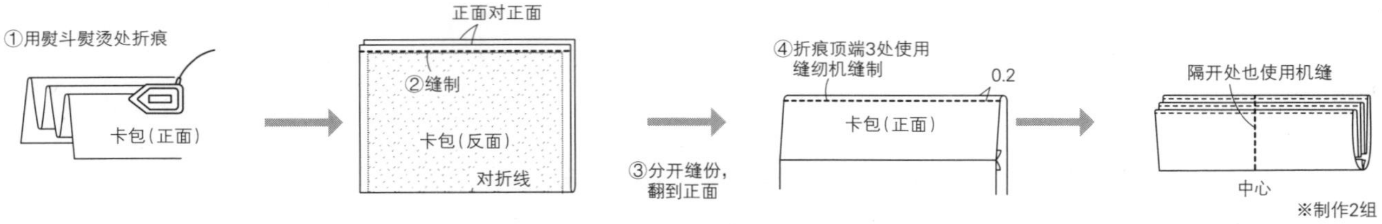

2. 在内袋布上缝制卡包

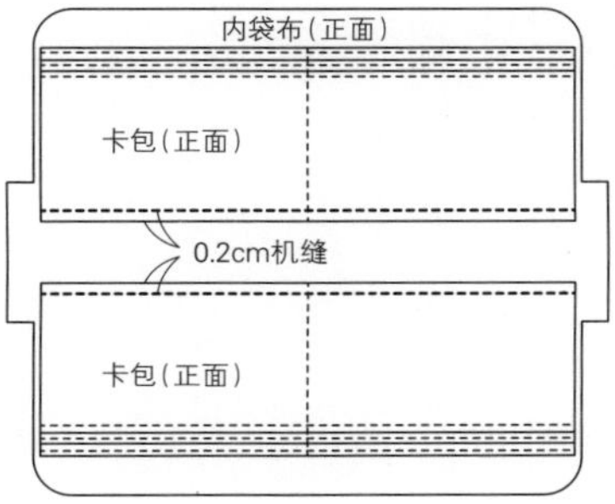

3. 表布和内袋布正面相对对齐缝在一起

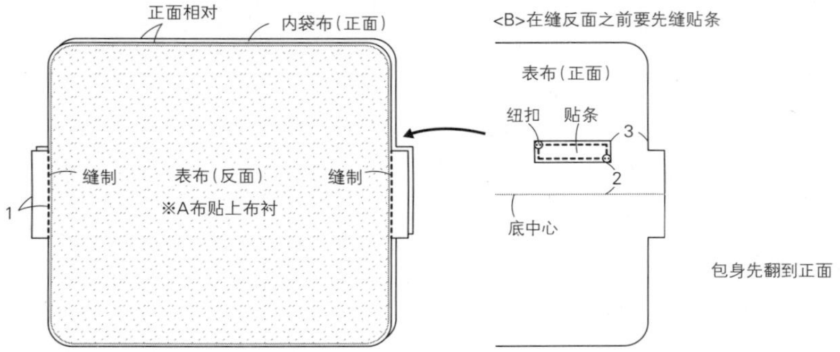

4. 制作风琴褶

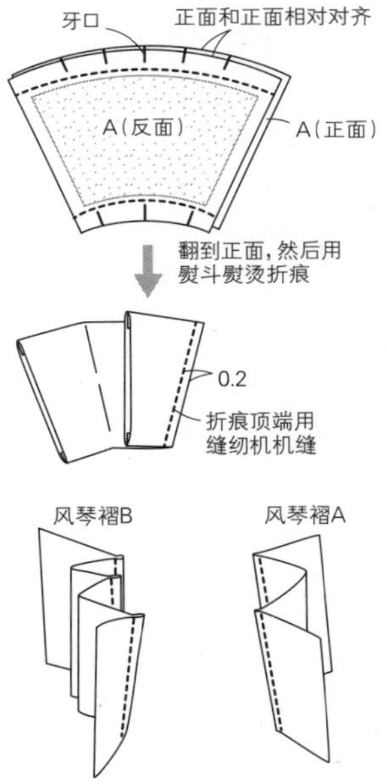

5. 制作硬币包

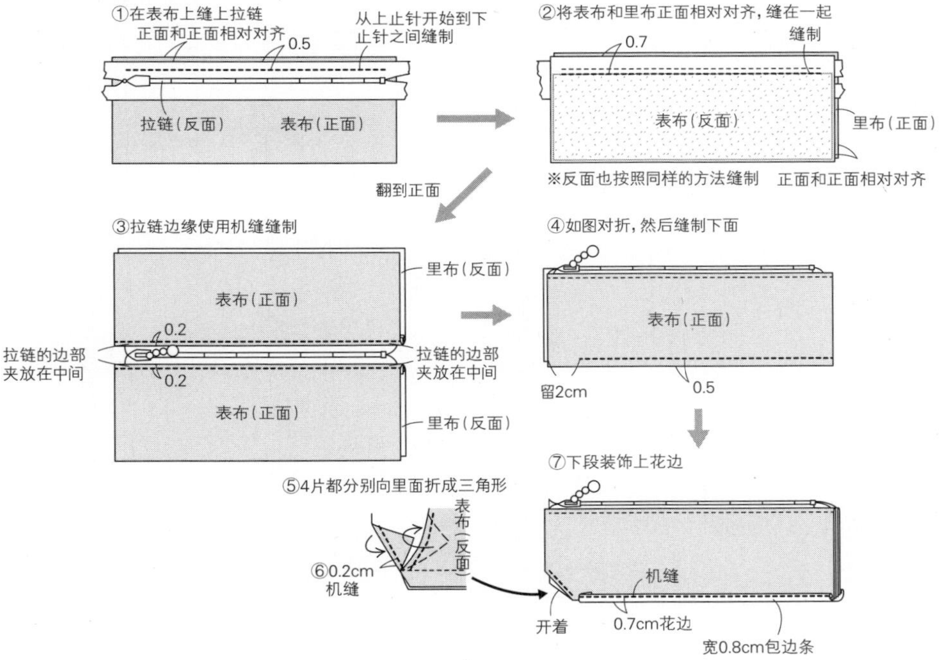

6. 用风琴褶夹包住硬币包缝在一起

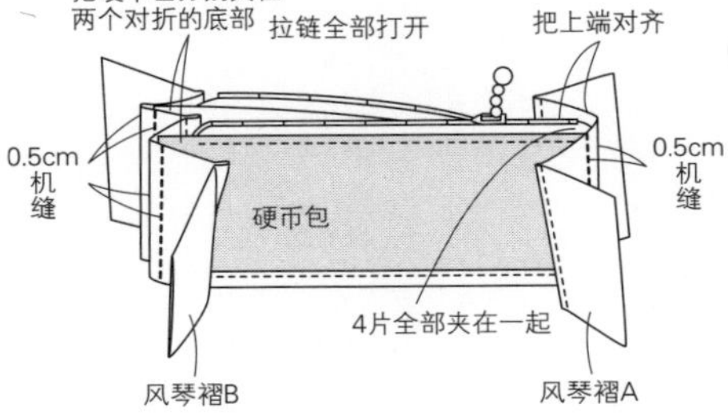

7. 把风琴褶缝在包身的内侧

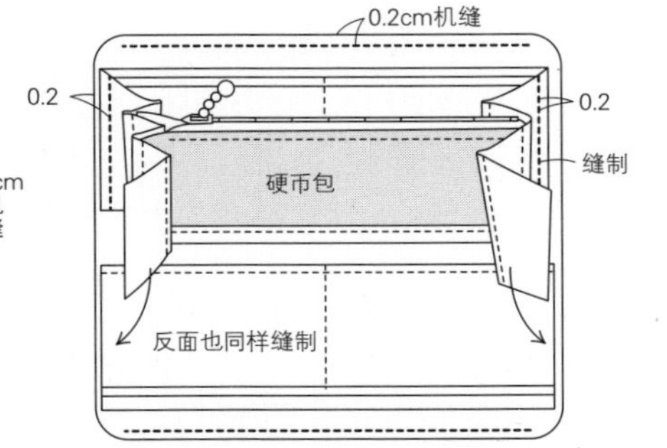

成品图〈B〉

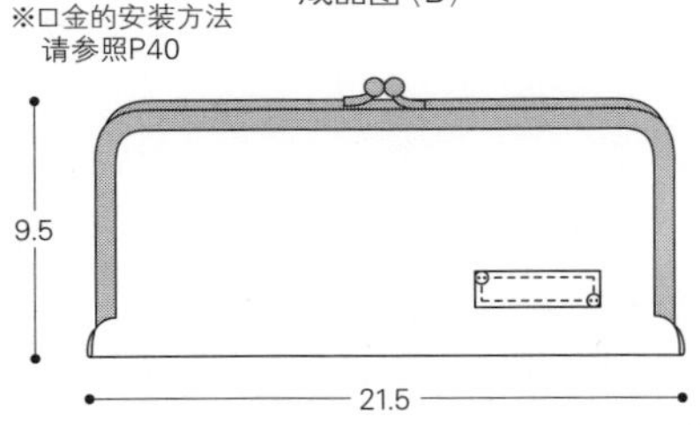

30. photo P30 牛仔斜纹口袋口金包

成品尺寸： 宽14.5cm，高10.8cm（不含口金扣头）

使用材料： 斜纹牛仔布22cm×34cm，棉布（印染系列）40cm×30cm，棉布（水珠花纹）16cm×24cm，厚布衬22cm×34cm，布衬40cm×30cm，1.5cm宽丝带1.5cm，30号手工用缝纫线（刺绣用），口金13cm×5.5cm

实物大小纸型B面： [30]-1外口金表布、内袋布，[30]-2内口金表布、内袋布，[30]-3口袋

裁剪方法图和尺寸：

斜纹牛仔布

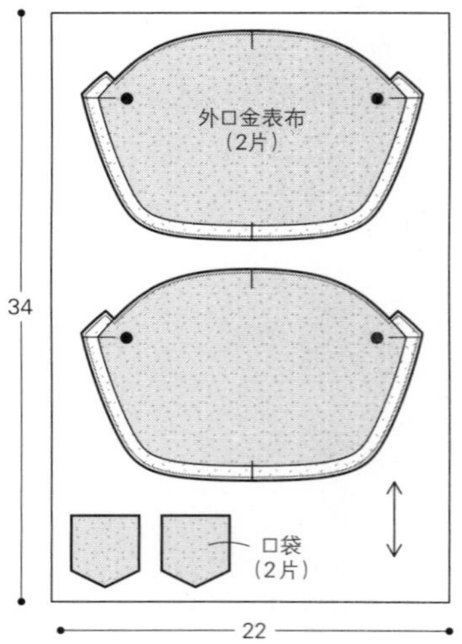

棉布（印染系列）　●…开口止位

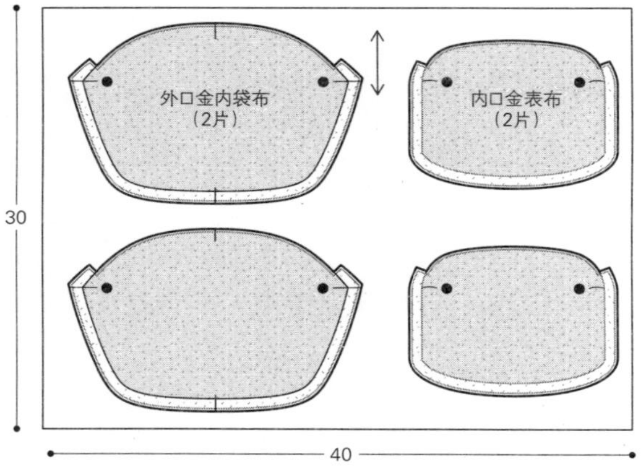

棉布（水珠花纹）

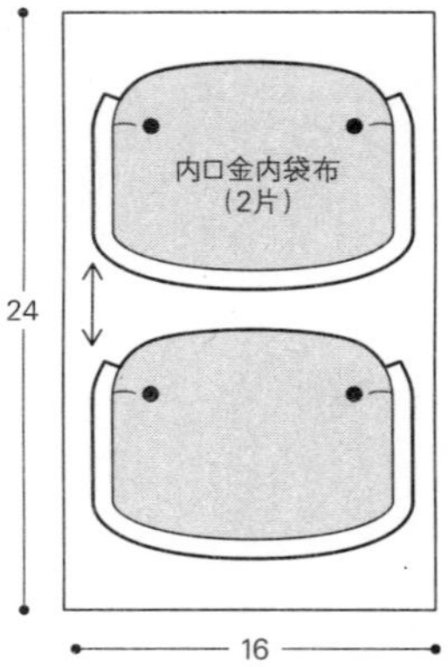

※ ▒ 处贴上布衬

※外口金包表布和口袋上贴厚布衬，外口金包内袋布和内口金包表布上贴布衬

1. 把内口金表布正面相对对齐后缝在一起成为内口金包身

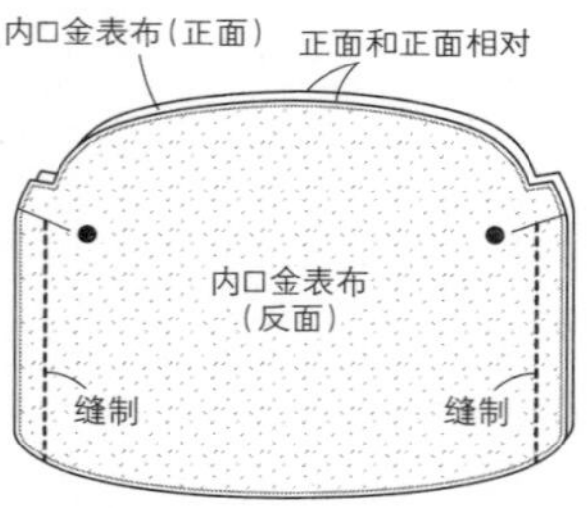

2. 把内口金内袋布正面相对对齐缝合成为内口金内袋

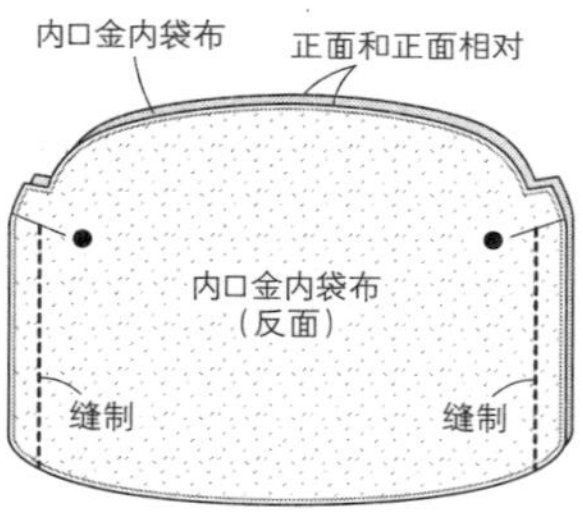

3. 把内口金的包身和内袋对齐

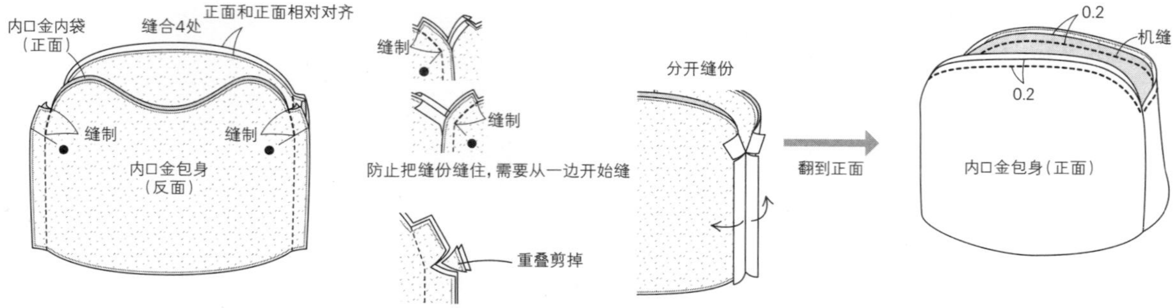

4. 制作外口金内袋

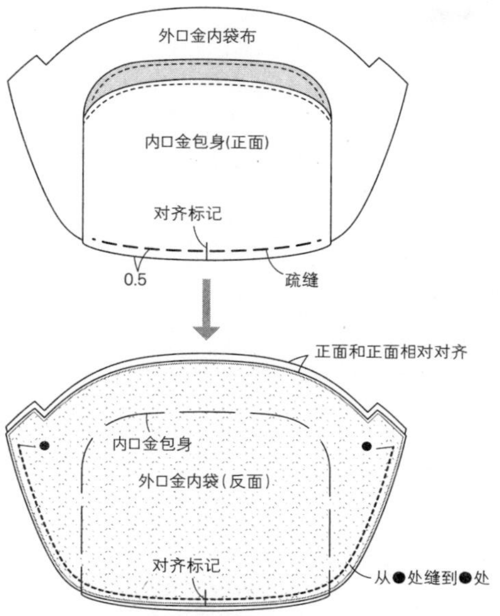

※分开缝份，翻到正面

5. 制作外口金包身

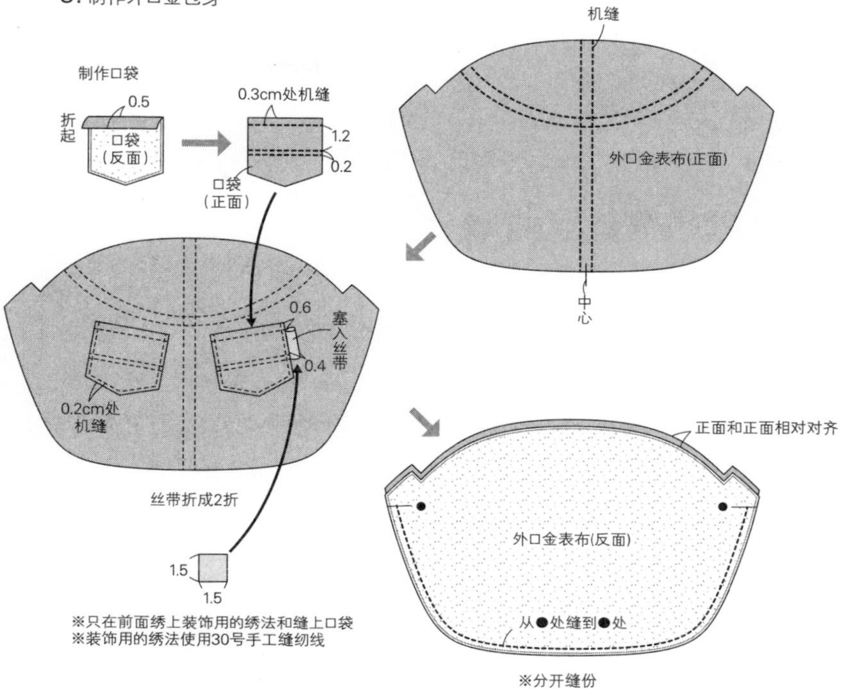

※只在前面绣上装饰用的绣法和缝上口袋
※装饰用的绣法使用30号手工缝纫线

※分开缝份

6. 外口金的包身和内袋正面相对对齐

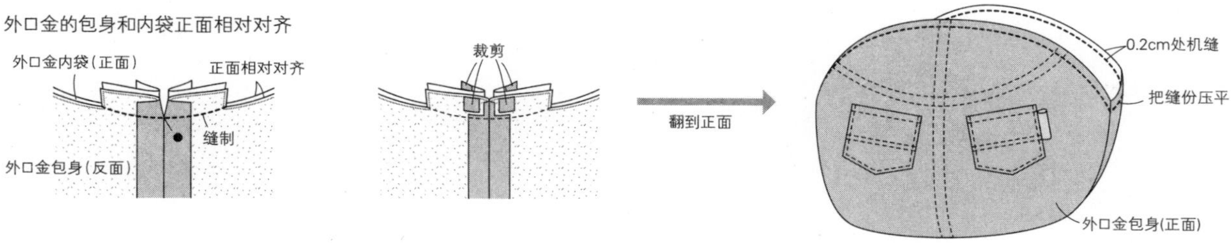

7. 安装内口金包的口金

※口金的安装方法
请参照P8

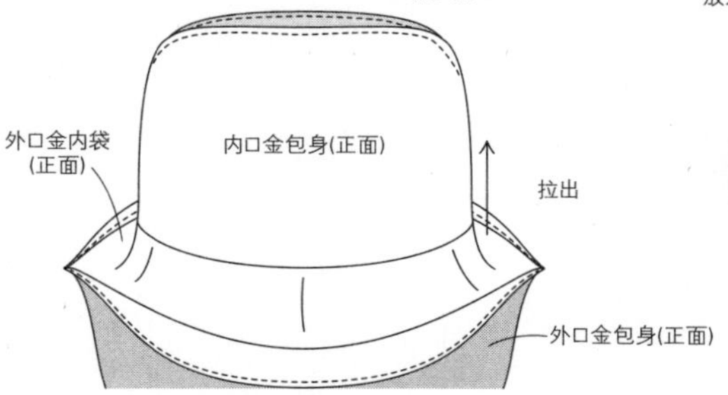

8. 安装外口金包的口金

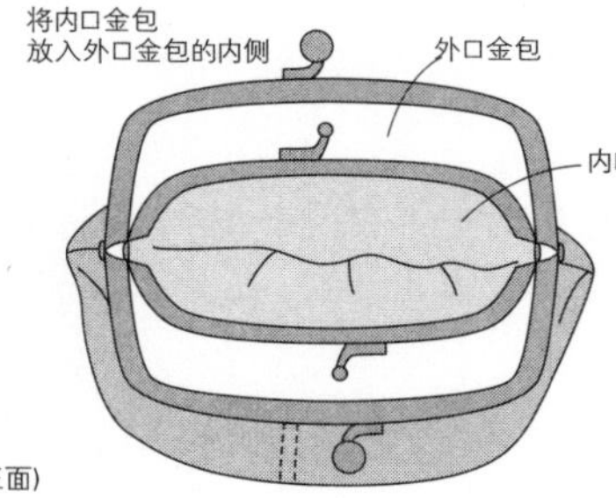

成品图

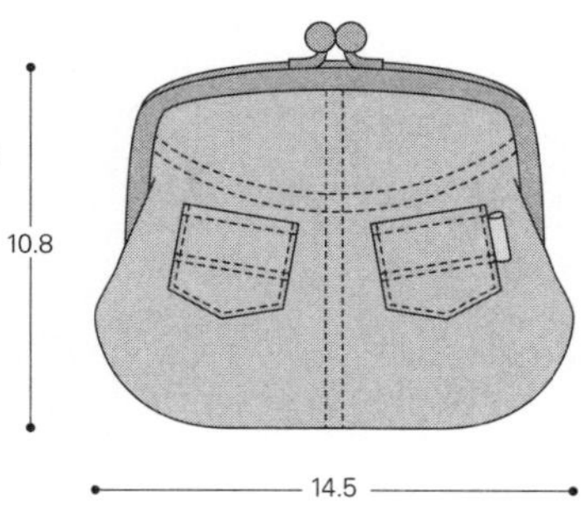

31. photo P31 蕾丝手包

成品尺寸： 宽23.5cm，高16.5cm，拼接处6cm（不含口金扣头）

使用材料： 亚麻布（水珠花纹）34cm×46cm，棉布（花纹系列）85cm×45cm，棉布（水珠花纹）70cm×25cm，合成皮芯34cm×46cm，布衬100cm×70cm，长16cm拉链1根，宽3cm的蕾丝30cm，宽2cm的皮革带子32cm，扣钉、茄形挂钩各2个，口金20.9cm×8cm（亲子口金20.4cm带挂钩）

裁剪方法图和尺寸：

实物大小纸型B面： [31]–1外口金表布、内袋布，[31]–2内口金表布、内袋布，[31]–3合成皮芯（外口金表布用）

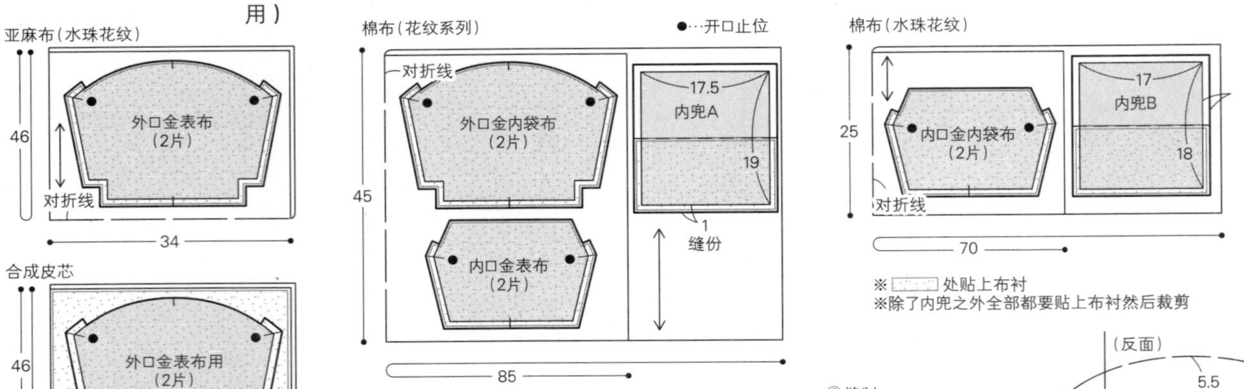

1. 在外口金表布上贴上合成皮芯

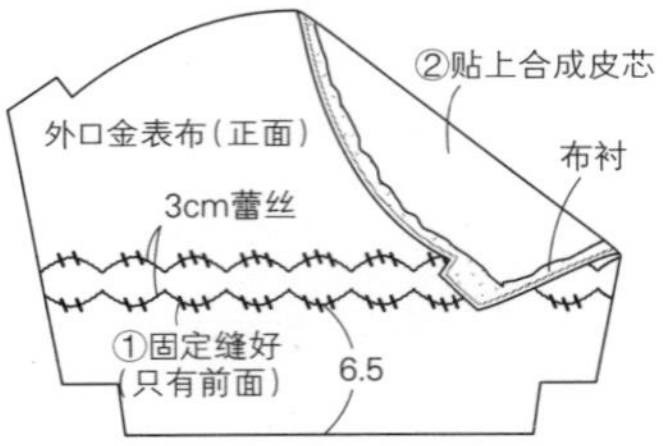

2. 制作内兜

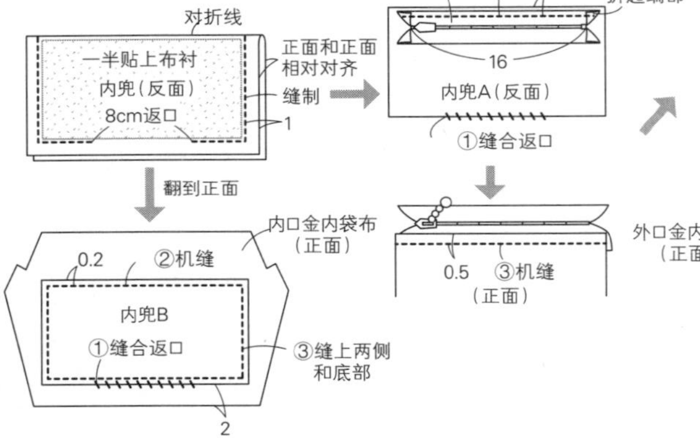

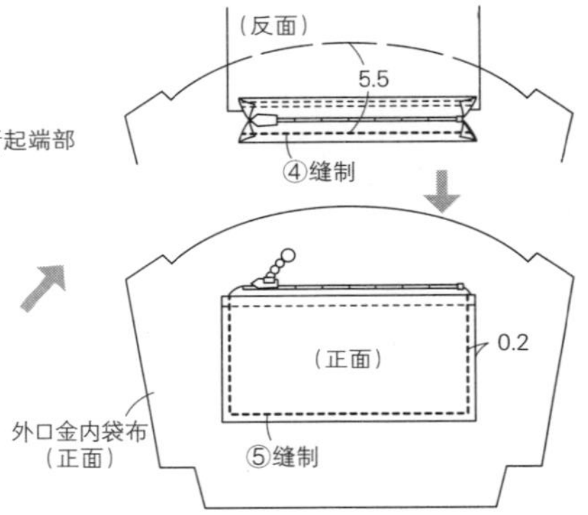

3. 制作内口金包身

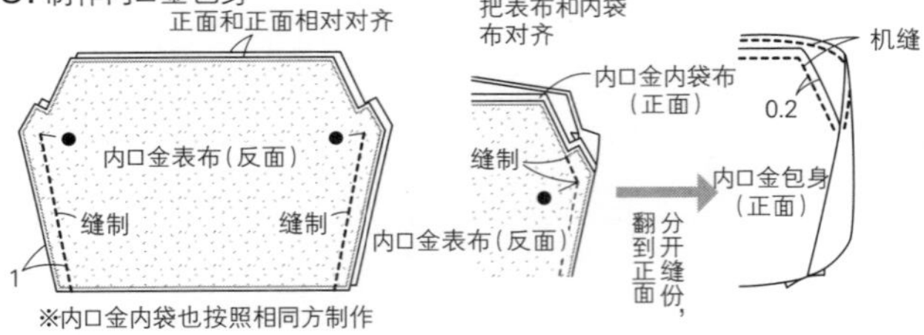

※内口金内袋也按照相同方法制作

4. 制作外口金内袋

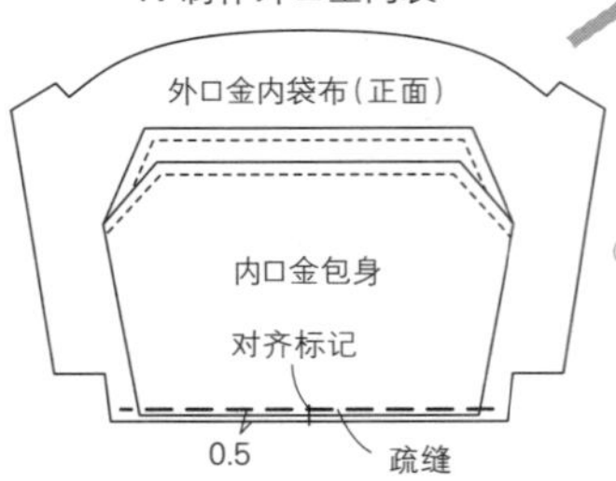

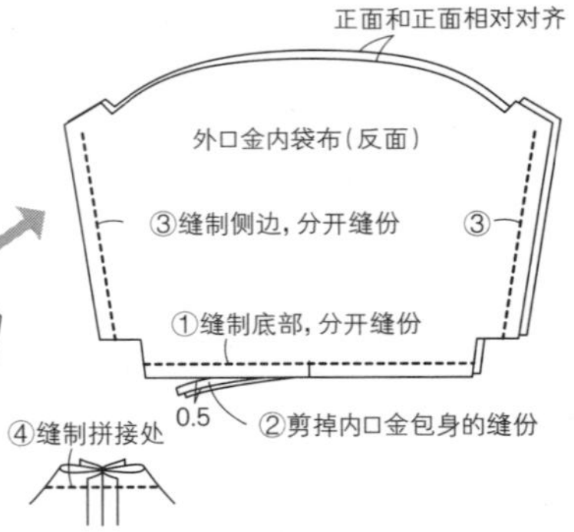

5. 制作外口金包身

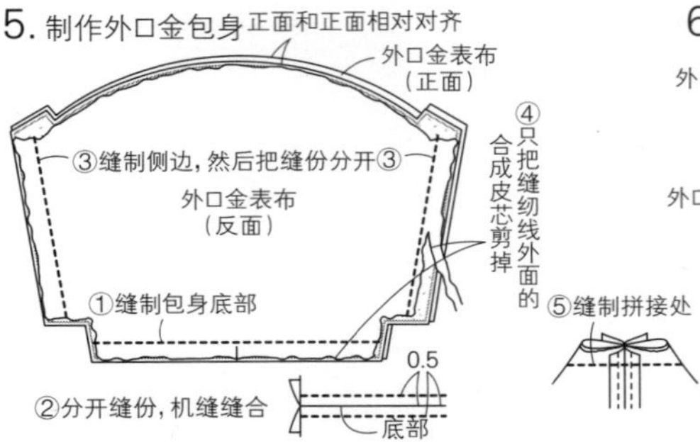

6. 外口金的包身和内袋对齐

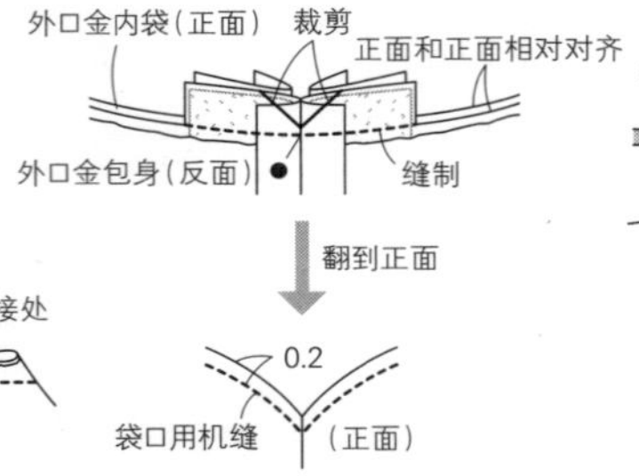

7. 安装口金

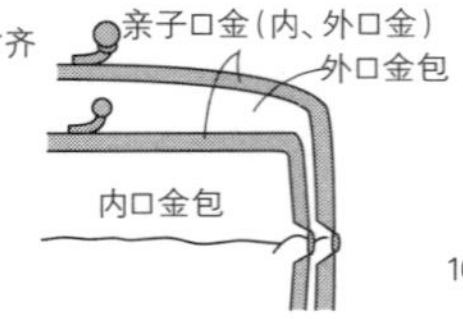

※口金的安装方法请参照P40

成品图

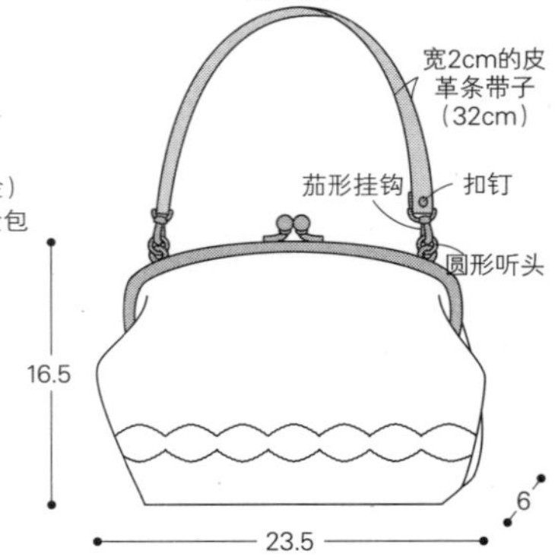

32. photo P32 硬币包

成品尺寸：宽10cm，高8.3cm（不含口金扣头）

使用材料：棉麻布（条纹系列）17cm×24cm，棉布（水珠花纹、小鸡图案）各30cm×12cm，布衬30cm×25cm，口金9.5cm×4.7cm

实物大小纸型B面：[32]-1表布、内袋布，[32]-2隔层布

裁剪方法图和尺寸：

棉麻布（条纹系列）

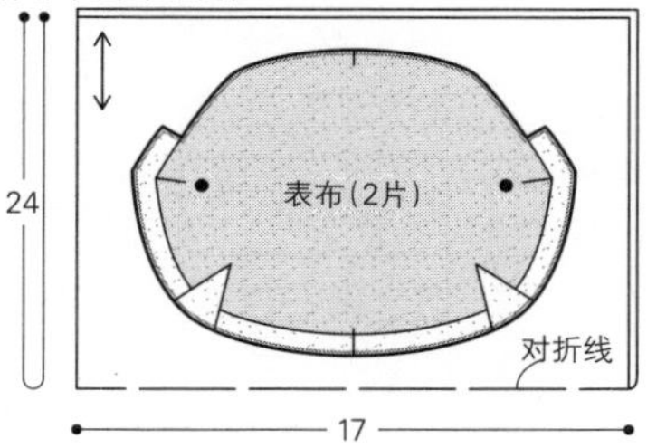

棉布（水珠花纹、小鸡图案）

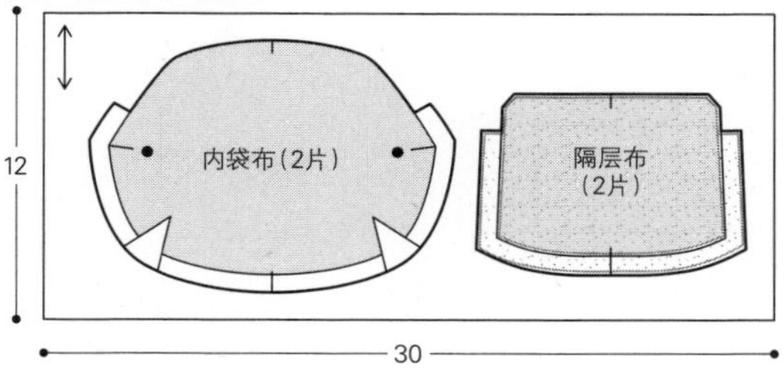

※▭处贴上布衬
※表布和隔层布都贴上布衬，然后按照尺寸裁剪
●…开口止位

1. 缝制褶皱

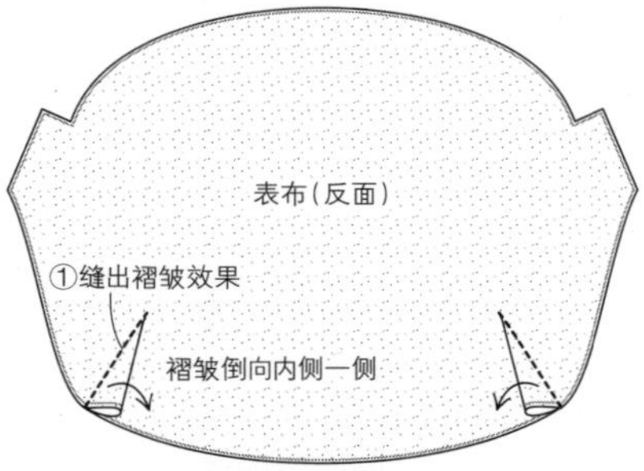

※内袋的缝份倒向相反的方向

2. 包身2片布料对齐

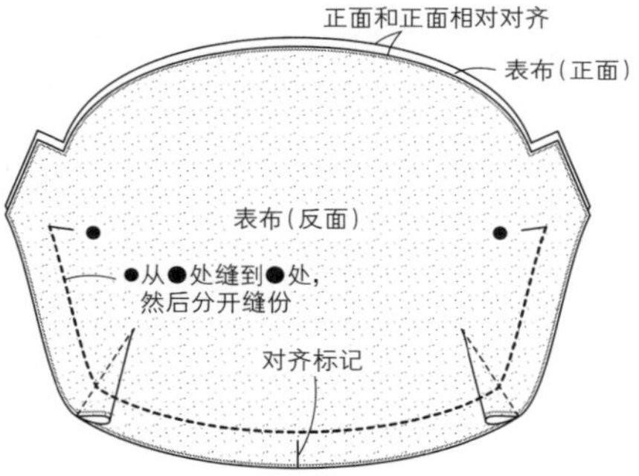

3. 制作隔层布

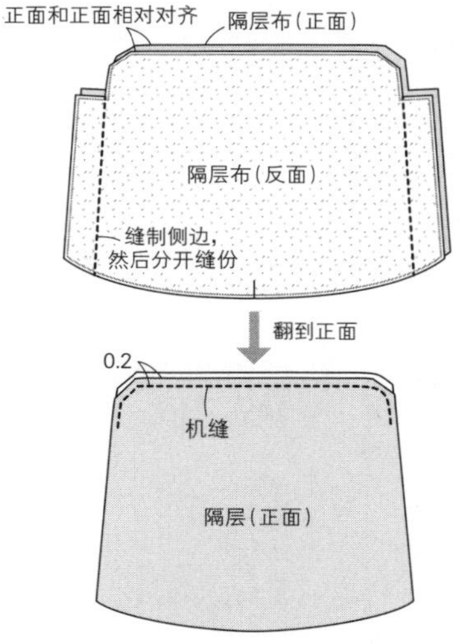

4. 制作内袋

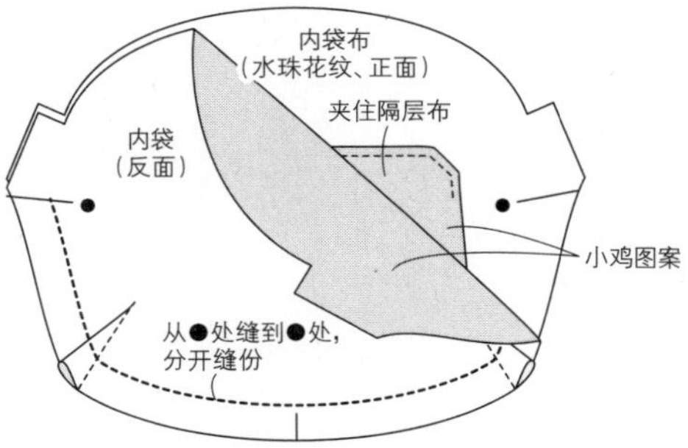

5. 包身和内袋对齐

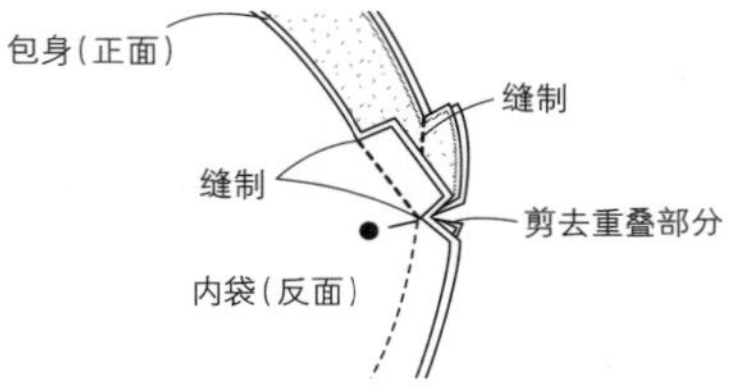

※缝制方法请参考P72

6. 翻到正面，缝合开口位置

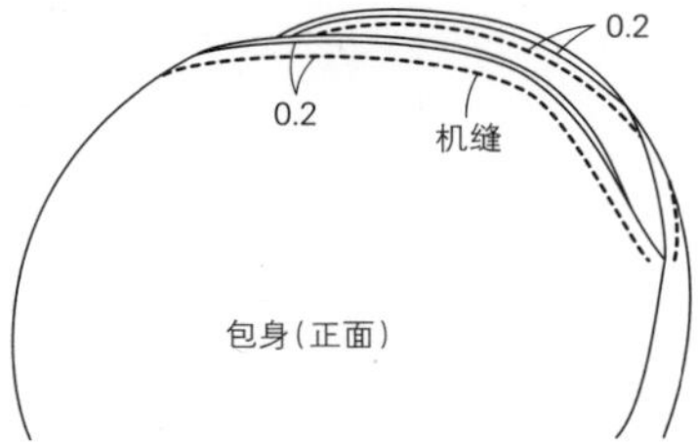

7. 安装隔层口金

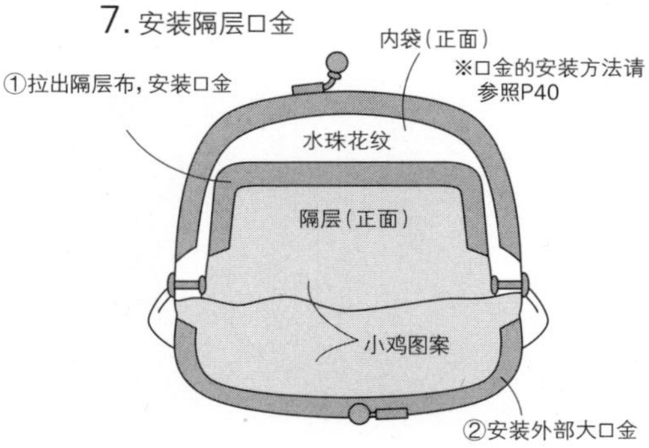

成品图

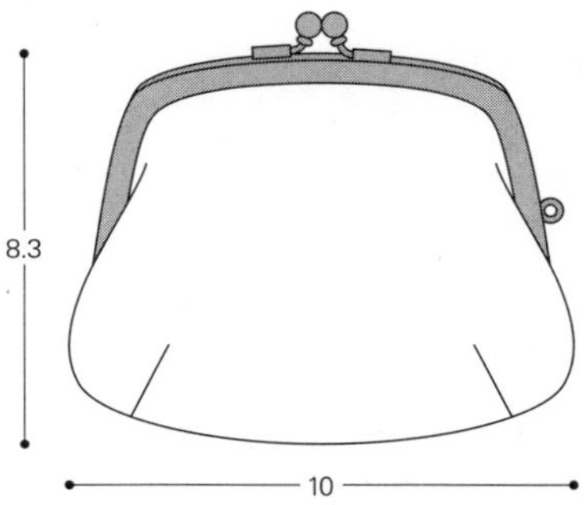

33. photo P33 卡包

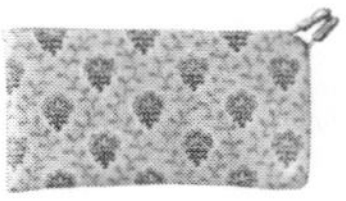

成品尺寸： 10.8cm，高7cm（不含口金扣头）
使用材料： 防水布（花色系列）、尼龙布各25cm×10cm，口金10.2cm×6cm（L形）

裁剪方法图和尺寸：

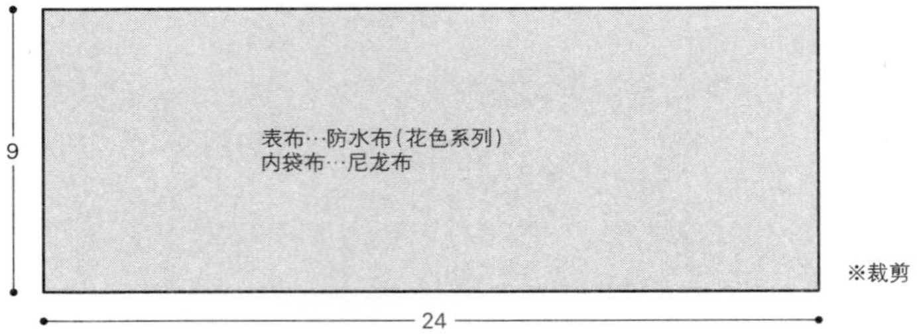

1. 分别把表布、内袋布的正面和正面相对对齐，然后缝上一边

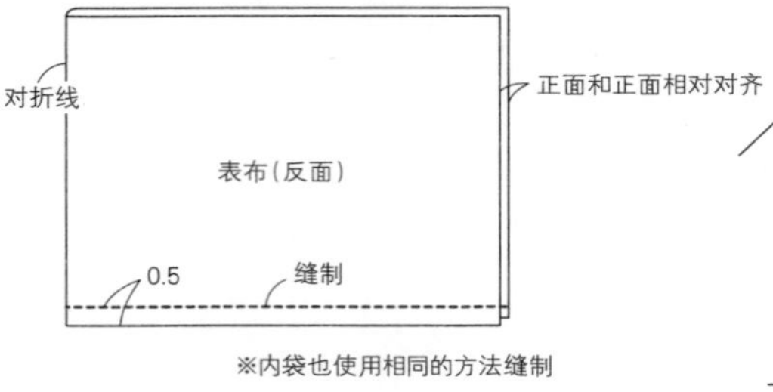

2. 分开缝份

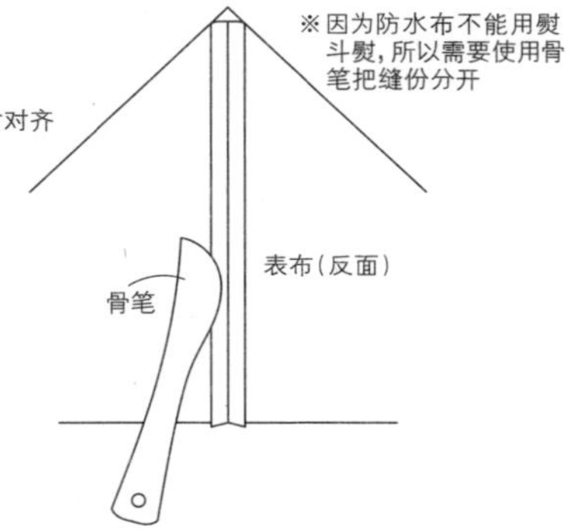

3. 把表布和内袋布对齐

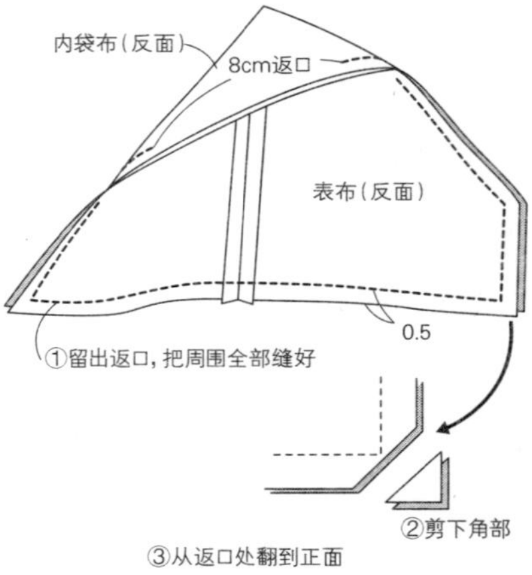

4. 缝合四周

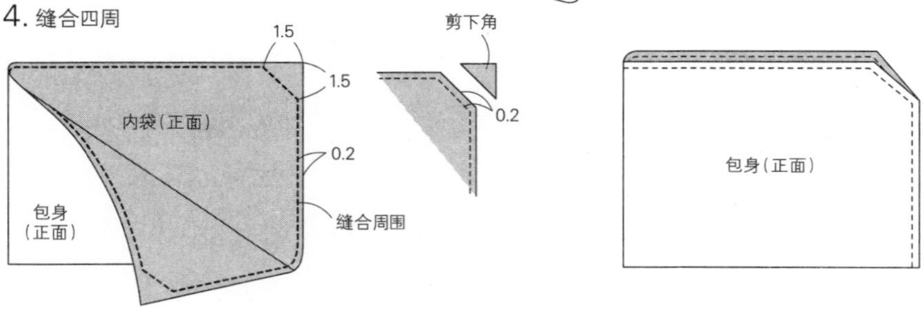

5. 安装口金

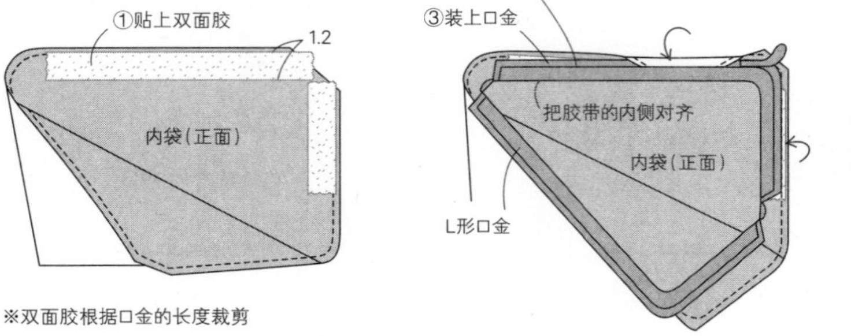

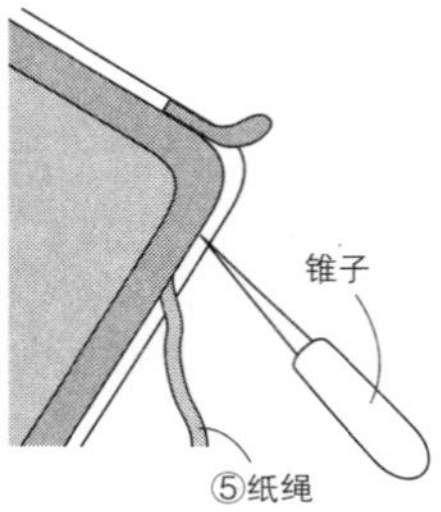

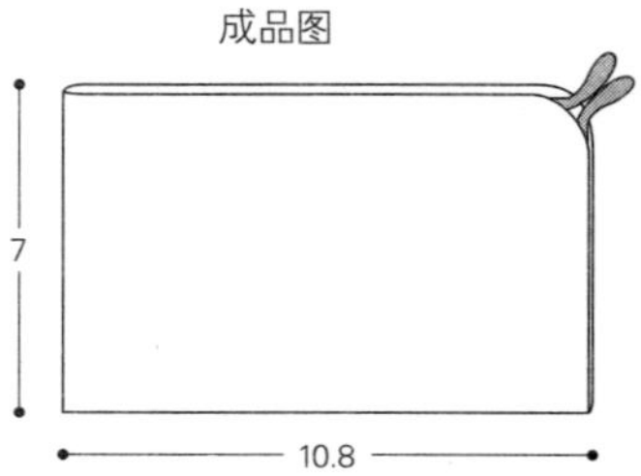

※双面胶根据口金的长度裁剪

34. photo P33　蝴蝶结手包

成品尺寸：宽21cm，高12cm（不含口金扣头）

使用材料：波纹罗缎（粉色）、尼龙布各46cm×15cm，提花织物（紫色）30cm×25cm，带胶铺棉25cm×10cm，口金15.7cm×6.3cm（L形）

裁剪方法图和尺寸：

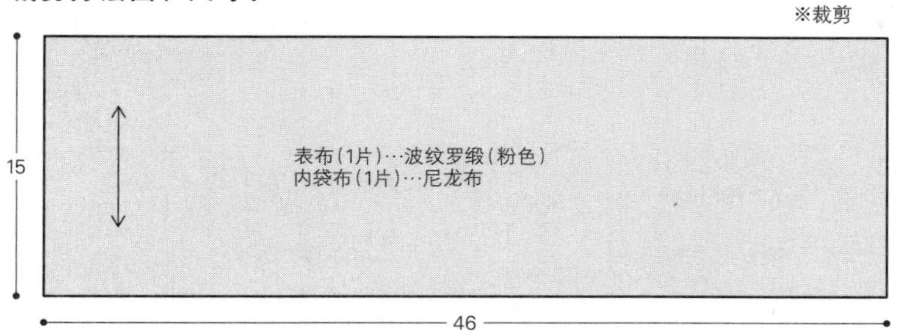

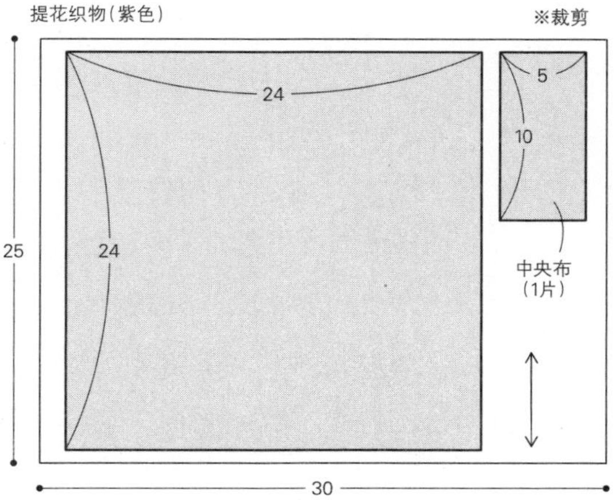

1. 制作蝴蝶结

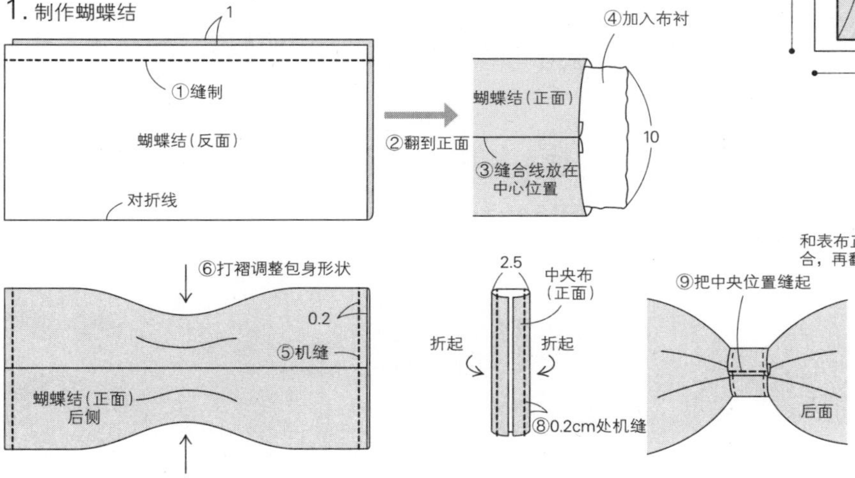

2. 在表布上缝上蝴蝶结

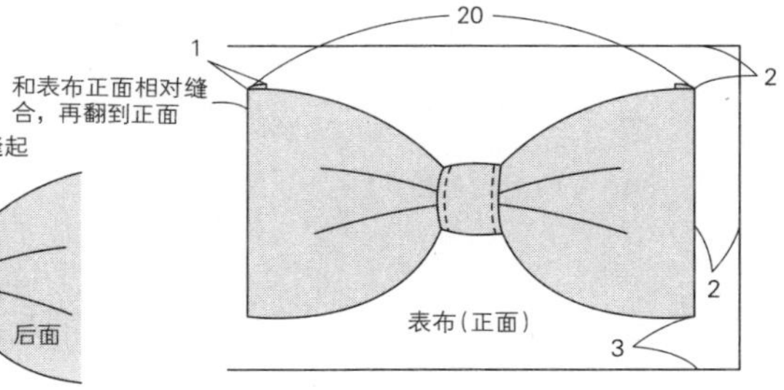

3. 分别把表布、内袋布的正面和正面相对对齐，缝制一边

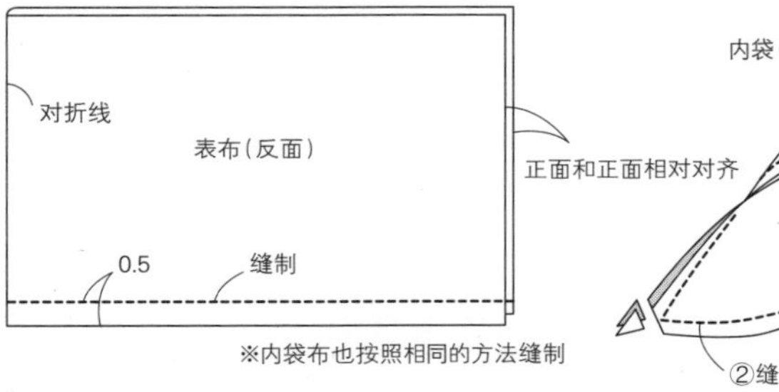

4. 把表布和里布对齐

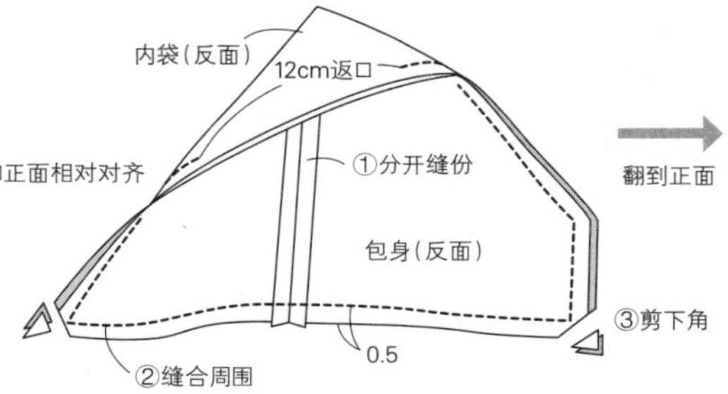

5. 缝合周围

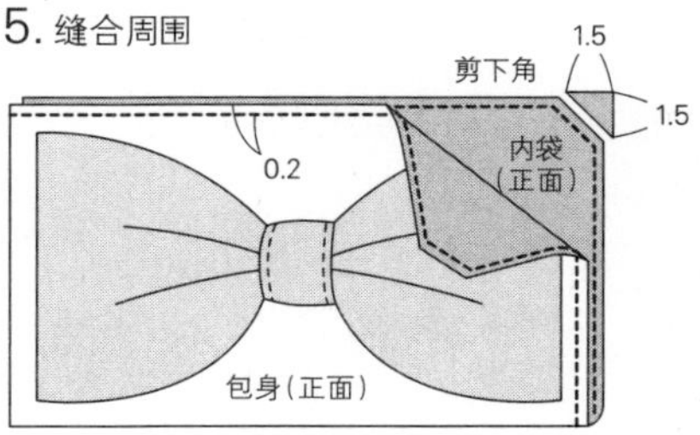

6. 缝合两边

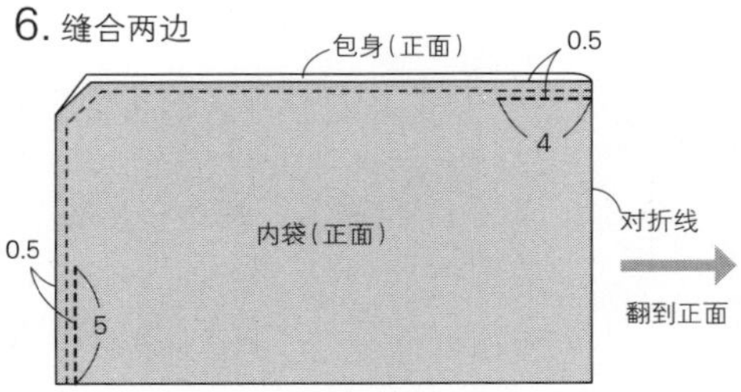

7. 安装口金　※L形口金的制作方法参照P76

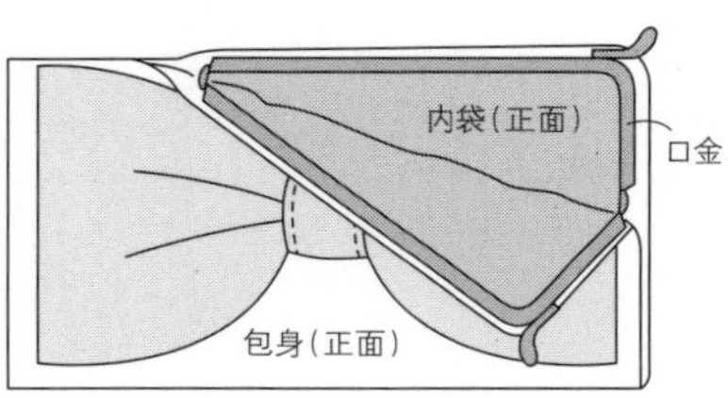

成品图

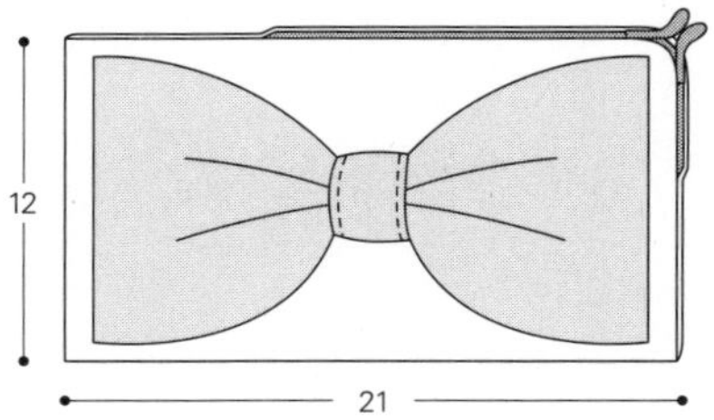

35. photo P34 怀旧风单肩挎包

成品尺寸： 宽34cm，高约20cm，拼接处5cm（不含口金扣头）

使用材料： 棉布（花样系列）50cm×40cm，亚麻布（藏青色）60cm×70cm，亚麻布（原色）100cm×50cm，带胶铺棉100cm×50cm，宽2cm的布用胶带141cm，宽2cm的茄形挂钩、D形听头各2个，直径0.5cm的木质串珠3颗，口金（大）25cm×10.2cm（象牙白色）、（小）7.8cm×4.5cm

实物大小纸型B面： [33]–1前侧表布、后侧表布、内袋布，[33]–2前侧小表布、前侧小内袋布，[33]–2后侧小表布、后侧小内袋布

裁剪方法图和尺寸：

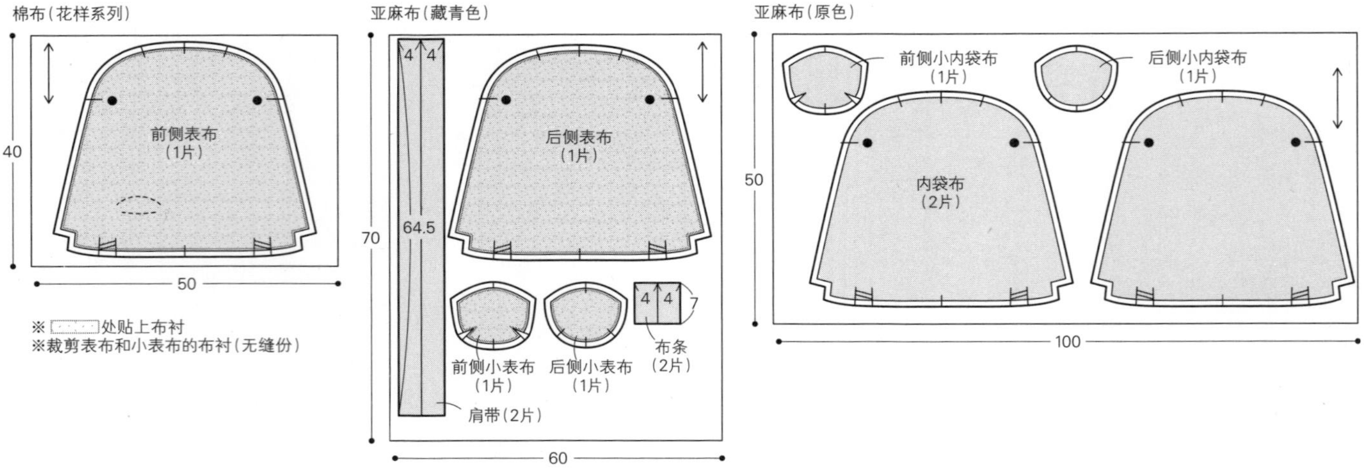

1. 制作小口金包

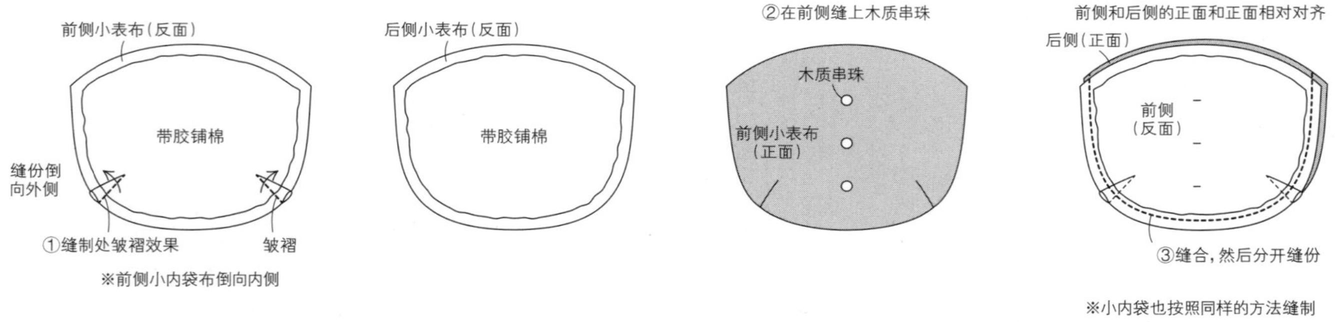

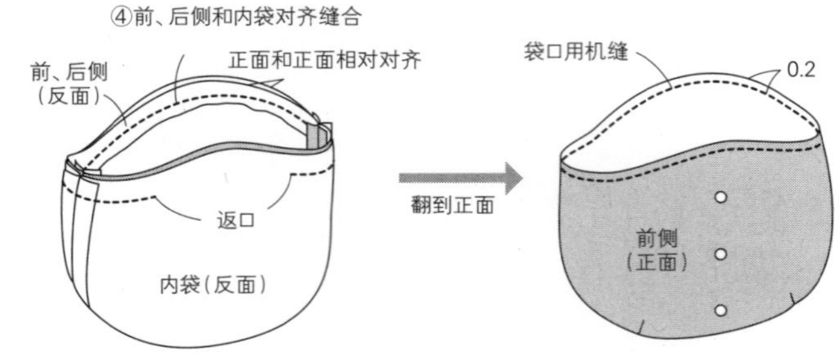

2. 在前侧表布上缝上小口金包

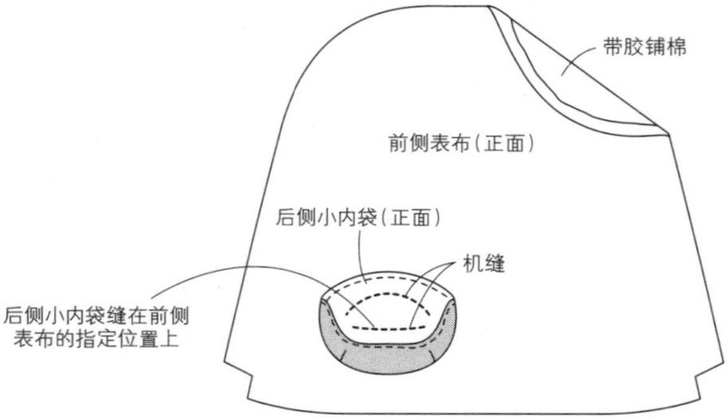

3. 表布和内袋布的褶皱缝制

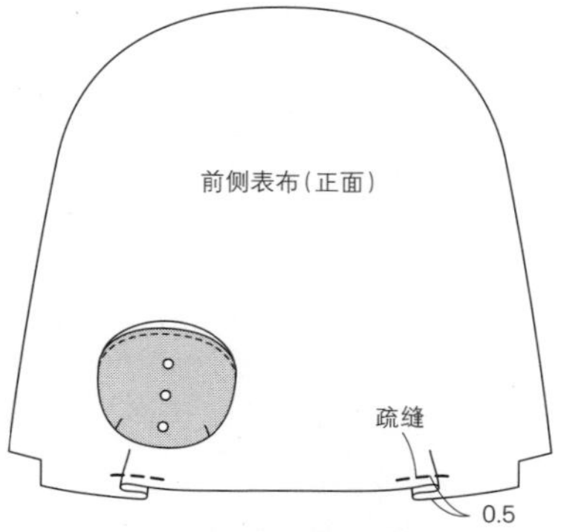

※内袋的皱褶倒向相反方向

4. 缝制表布的底部

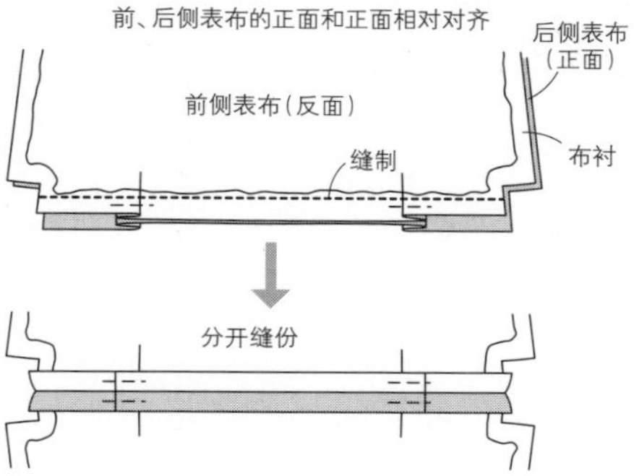

5. 缝制侧边和拼接处

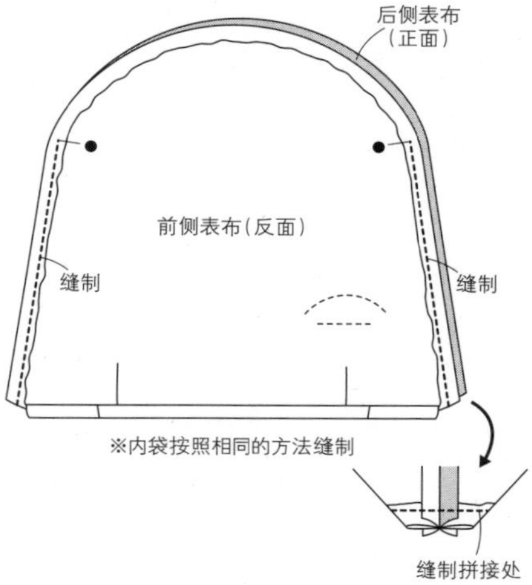

6. 肩带、布条的制作方法

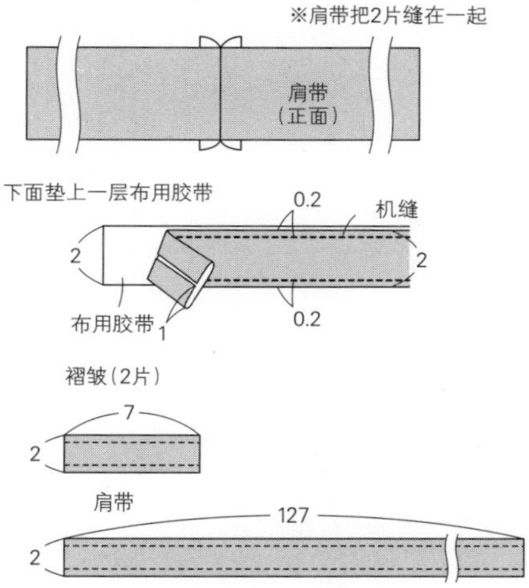

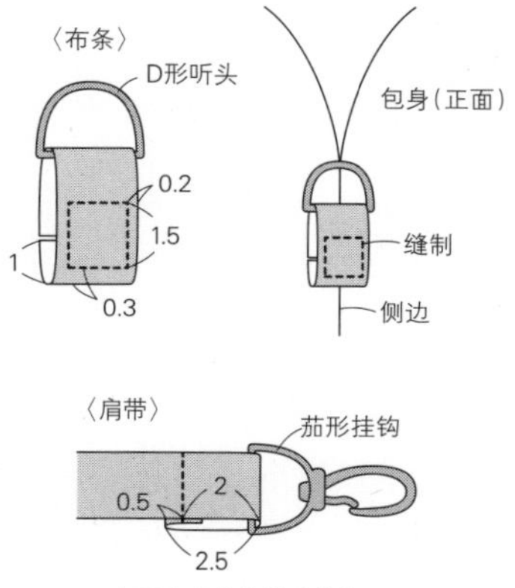

7. 包身和内袋对齐缝制

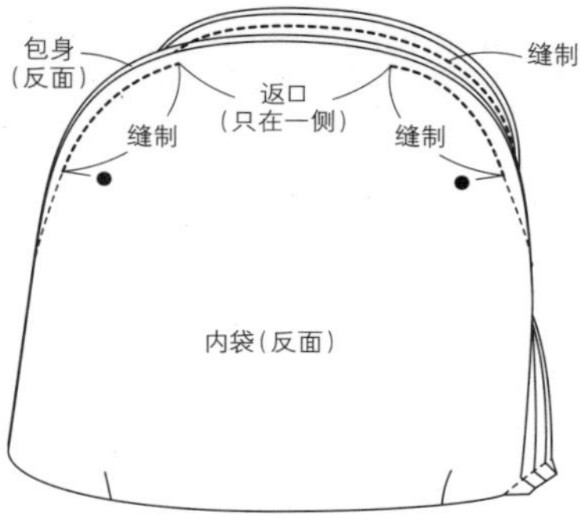

8. 翻到正面，缝合袋口

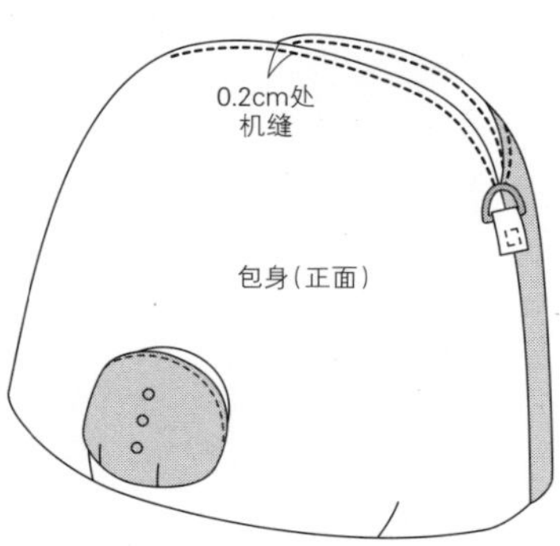

9. 安装口金

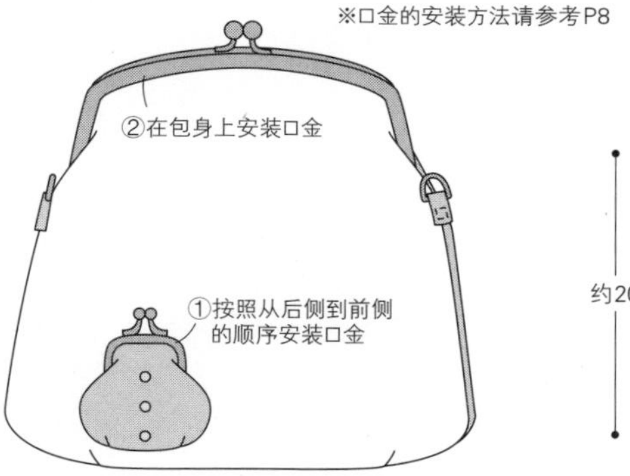

成品图

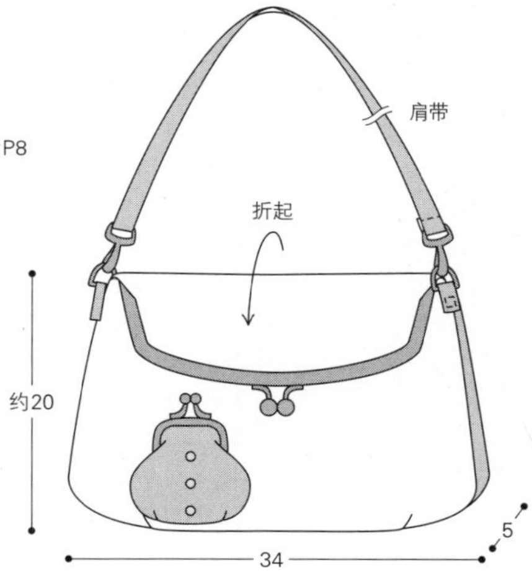

著作权合同登记号：图字 16—2013—226

图书在版编目（CIP）数据

各式花样口金包 / 日本宝库社编著；甄东梅译. —郑州：河南科学技术出版社，2015.3（2017.10重印）
ISBN 978-7-5349-7482-3

Ⅰ. ①各… Ⅱ. ①日… ②甄… Ⅲ. ①布料－手工艺品－制作 Ⅳ. ① TS973.5

中国版本图书馆 CIP 数据核字 (2014) 第 297986 号

出版发行：河南科学技术出版社
地址：郑州市经五路 66 号　邮编：450002
电话：（0371）65737028　65788613
网址：www.hnstp.cn
策划编辑：刘　欣
责任编辑：梁莹莹
责任校对：刘　瑞
封面设计：张　伟
责任印制：张艳芳
印　　刷：河南新达彩印有限公司
经　　销：全国新华书店
幅面尺寸：210 mm × 260 mm　印张：5　字数：130 千字
版　　次：2015 年 3 月第 1 版　2017 年10 月第2 次印刷
定　　价：36.00 元